KB022573

과학자들

1

과학자들1 그래도 지구는 돈다

김재훈 지음

Aristoteles Democritos
Nicolaus Copernicus
Tycho Brahe Johannes
Kepler William Gilbert
Galileo Galilei Francis
Bacon René Descartes
Robert Hooke Anton
van Leeuwenhoek Ibn
Al-Haytham Isaac
Newton

Humanist

현대 사회는 과학이라는 이름 아래 모든 것이 설명된다고 해도 과언이 아닙니다. "과학적이다." 또는 "과학적이지 않다."라는 말 한마디로 모든 것이 판단되거나 설명되곤 합니다. 사람들은 은하계 너머의 먼 우주는 고사하고, 태양계에 속한 비교적 가까운 행성조차 직접 볼 수 없습니다. 그래도 과학자들이 계산한 별들의 운동 법칙을 신뢰하고 허블 망원경이 전송해준 사진을 믿어 의심치 않습니다. 어떠한 논쟁에서도 과학적이고 실증적인 근거를 많이 제시하는 쪽이 결국 승자가 되는 걸 당연시합니다.

오늘날 과학은 중세 서구 세계의 인식을 지배했던 계시의 로고스와 비교해도 그 권위가 결코 뒤지지 않습니다. 과학적 이성이 19세기를 지나 20세기를 관통하면서 세계관과 인류의 영혼에까지 침투하는 가공할 위력을 발휘할 때, 후설 같은 몇몇 철학자들은 실증주의에 천착하는 사유의 위험을 경고하기도 했습니다. 그러나 이미 대세는 기울었습니다. 대중은 관념이니 선험이니 하는 철학보다 스마트한 과학을 선택했습니다. 과거, 생각하는 철학자들이 사유의 일부분으로 다루었던 자연철학이 학문의 옥좌를 차지한 것입니다.

현대 사회에서는 종교도 비과학적이라는 이유로 비판받기도 합니다. 종교보다 과학이 우선하는 시대죠. 하지만 종교가 과학보다 우선이던 시대가 있었습니다. 오로지 신의 말씀과 그 대리인 격인 성직자의 가르침을 신뢰하고, 과학을 비

종교적이고 비합리적이라는 이유를 들어 비난하거나 조롱하던 시대가 아주 멀리 있었던 것은 아닙니다. 그 시간 속에서 많은 사상가는 철학자이자 과학자였고, 투사이기도 했습니다. 고대의 자연철학자들부터 20세기 과학자들에 이르는 일화를 소개하는 《과학자들》은, 어쩌면 세계의 원리와 현상을 이해하는 자신들의 방식을 알리기 위해 지난한 투쟁의 세월을 겪고 끝내 학문의 주역이 된 이들의 연대기일지도 모르겠습니다.

　과학보다는 인문학에 더 친숙했던 사람이 과학 이야기를 그린다는 것이 쉬운 일은 아니었습니다. 하지만 나와는 전혀 상관없을 것 같던 과학을 역사와 인물로 접근하니 이야기로 풀어갈 수 있다는 자신감이 생겼습니다. 그래서 이 책이 탄생하게 되었습니다.

　《과학자들》은 과학사의 명장면 50개와 이를 탄생시킨 과학자 52명의 이야기를 담고 있습니다. 그중 1권에서는 학문을 집대성한 고대 그리스 철학자 아리스토텔레스부터 지동설을 주장한 갈릴레오, 천체의 움직임을 관찰한 브라헤와 케플러, 고전역학의 창시자 뉴턴 등 과학이라는 학문을 태동시키고 이론을 만들어낸 과학자 13명을 만나볼 수 있습니다.

　과학이 종교에 의해 판단 받던 시대에는 과연 어떤 일들이 일어났을까요? 그당시에 과학자들은 어떤 일을 해나갔을까요? 《과학자들 1: 그래도 지구는 돈다》에서 그 답을 찾을 수 있기를 바랍니다.

2018년 9월
김재훈

"대담한 추측 없이 위대한 발견은 이루어지지 않는다."

— 아이작 뉴턴

상식은 언제부터 상식이었을까요?
우리가 당연시하는 것들이
당연하지 않다고 여겨질 때부터
근본과 원리를 향한 끝없는 질문을 던진
과학자들이 여기 있습니다.

차례

01

2,000년의 상식
아리스토텔레스

아리스토텔레스 Aristoteles (B.C. 384-B.C. 322)

고대 그리스의 철학자. 체계적이고 방대한 연구로 근대에 이르기까지 대부분의 학문 분야에 큰 영향을 미쳤다. 특히 자연과학 분야에서 우주관, 운동관, 물질관, 동물학 등의 틀을 설계했다.

오늘날 과학적 세계관을 구성하고 있는
지배적인 지식으로 뉴턴의 고전역학, 맥스웰의
전자기학, 아인슈타인의 일반상대성이론
그리고 양자론 등을 꼽을 수 있습니다.
이들의 역사는 길게는 300여 년에서
짧게는 수십 년에 지나지 않고, 또 계속해서
새로운 국면을 맞고 있습니다.
하지만 아리스토텔레스의 지적 체계는 무려
2,000년 넘게 인류 지성의 역사 위에 군림했습니다.
그리고 그 일부는 우리의 상식과 경험의 세계에서
여전히 유효합니다.

아리스토텔레스라는 이름은 지금도 전 세계 여러 대학의
다양한 전공 수업에서 반드시 한 번은 등장합니다.

기원전 4세기에 아리스토텔레스는 거의 모든 학문 분야를 집대성했고,
직관으로 이해하고 추론하는 과학적 세계관을 완성했습니다.

철학을 비롯한 논리학, 윤리학, 예술 같은 인문 분야에서 그의 사상은
지금도 수명이 다하지 않은 학문적 토론과 연구의 대상입니다.

아리스토텔레스는
자연과학 분야에서도
근대를 전후로 수세기 동안
과학자들이 넘어야 할
산과 같은 존재였습니다.

헬레니즘 시대를 지나 로마의 흥망, 이슬람 문화권의 확대 그리고 중세에 이르기까지 문명의 역사에서 아리스토텔레스의 지성을 총체적으로 위협할 만한 사상가는 단 한 명도 나타나지 않았고,

중세에는 전설적인 가톨릭교회의 아버지 토마스 아퀴나스가, 아리스토텔레스의 철학과 세계관을 기독교 교리와 융합해서 집대성한 신학에 힘입어 학계 최고의 권위자로 군림했습니다.

빠트린 거 없지?

자연과학 분야에서 그가 설계했던 지식의 틀로는 크게
우주관, 운동관, 물질관, 동물학 등이 있습니다.

문과를 석권하고 천문학, 물리학,
화학, 생물학까지?

혼자서 종합대학 세우셨네.

아리스토텔레스의 과학은 철학을 포함한
모든 학문보다 신학이 우위에 있던
시대에도 지식인과 일반인 모두가
기독교 교리와 더불어 신뢰한
세계관이었습니다.

신의 피조물이 살고 있는 지구가
당연히 우주의 중심!

그럼! 세계에서 가장 똑똑했던
아리스토 형님도 그랬다니까.

아리스토 형님, 송구하지만 이제부터
지구는 돌도록 하겠습니다.

근대에 이르러 실험과 관측으로
얻은 실증적 증거들이
사회적 합의에 이르게 되었을 때,
비로소 유럽인들은
과학의 현장에서 2,000년간
근면했던 아리스토텔레스의
영혼을 놓아주었습니다.

맨 먼저 혁신이 이루어졌고
새로운 지식으로의 교체 과정이
가장 험난했던 분야는
우주론이었습니다.

아리스토텔레스는 달을 기준으로 우주를
지상계와 천상계로 나누었습니다.

천상계는 지구를 중심으로 완전한 원을
그리며 등속운동을 합니다.
물론 그 원운동에는 행성들뿐 아니라
태양도 포함됩니다.

이후 프톨레마이오스는
아리스토텔레스의 천동설을
이어받아 나름대로 관측하고
계산한 사실들을 짜 맞추고
정리해서 책으로 남겼습니다.

지구가 중심에 있는 천체 모형을 어떻게든 설명하려고 최선을 다했다네.

아닌 걸 아닌 줄 알지 못하니까 힘이 들 수밖에.

천동설은 실제 태양계운동과는
상반되는 이론이지만 망원경으로
일일이 관측하면서 생활하지
않는 한 경험과 상식에
부합했습니다.
게다가 딱히 불편하지도
않았습니다.

어지럽냐?

아니.

거 봐라. 지구는 안 돈다니까.

너 천재지?

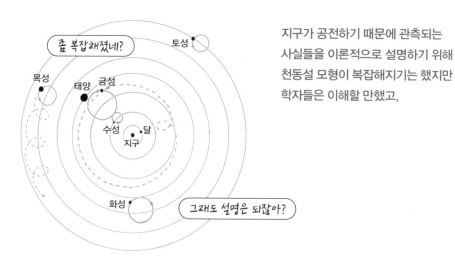

지구가 공전하기 때문에 관측되는
사실들을 이론적으로 설명하기 위해
천동설 모형이 복잡해지기는 했지만
학자들은 이해할 만했고,

교회 지도자들은 계속 만족했으며, 일반인들은 전혀 상관하지 않았습니다.

상식적 우주관이었던 천동설은
1543년 코페르니쿠스의 도전을 받았고,
논란이 거듭되다가 요하네스 케플러의
새로운 우주 모형이 완성되면서
과학사의 뒤안길로
사라졌습니다.

아리스토텔레스에게는 지상의 물리법칙도 우주관의 연장선이었습니다.
그는 불완전한 지상 세계의 운동을 시작과 끝이 있는
직선운동이라고 보았습니다.

그리고 낙하하는 물체는 무거울수록
더 빨리 떨어진다고 생각했고
갈릴레오가 반론을 입증할 때까지
모두 그렇게 믿었습니다.

만물의 근원이 무엇인가···· 아주 오래된 질문이지.

아리스토텔레스의 과학 이론 중에서 우주론처럼 오랜 부침을 겪었던 분야는 물질관이었습니다.

코는 왜 후비셔?

물이여.

공기랑께.

불이다.

나다!

고대 그리스의 자연철학자들은 우주의 만물이 무엇으로 이루어져 있는지를 두고 나름대로 한마디씩 했습니다.

탈레스

아낙시메네스

헤라클레이토스

그중에서 아리스토텔레스의 마음에 든 것은 엠페도클레스가 주장한 네 가지 원소설이었습니다.

불, 물, 공기, 흙이 결합하고 분리하면서 만물이 생겨나는 것이라네.

어떻게 뭉치고 흩어지는데?

사랑으로 결합하고, 증오 때문에 해체되는 것이지.

나는 싱글이라 그런 거 잘 몰라.

아리스토텔레스는 네 가지 원소에 상응하는 성질을 덧붙여 4원소설을 리모델링 했습니다.
근본 물질들이 각각의 성질과 조합하여 생성되고 소멸하는, 지상계의 물질 변화를
설명했죠.

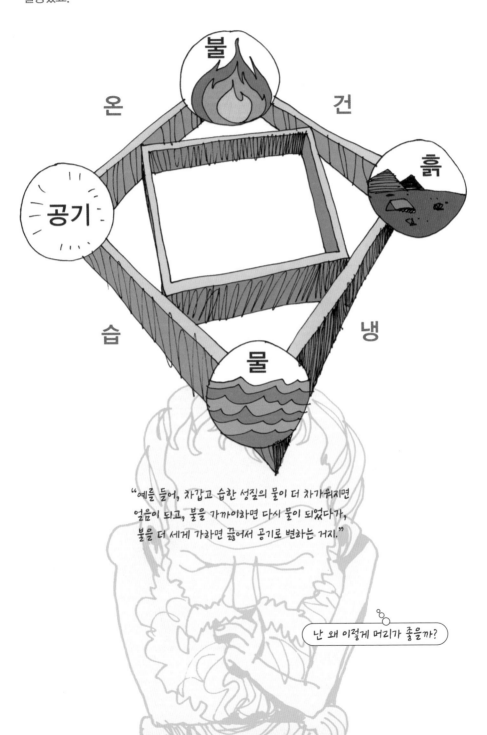

"예를 들어, 차갑고 습한 성질의 물이 더 차가워지면
얼음이 되고, 불을 가까이하면 다시 물이 되었다가,
불을 더 세게 가하면 끓어서 공기로 변화는 거지."

난 왜 이렇게 머리가 좋을까?

그리고 무게에 따라 물질의
계급과 있어야 할 자리를
정했습니다.

4원소설은 이후 화학의 조상 격인 연금술사들과 물질의 변화를 연구하는 화학자들을
자극했고, 많은 실험 기구를 탄생시켰습니다.

아리스토텔레스 방식의 물질 체계에 대한 믿음이 허물어진 것은, 불이 원소가 아니라는 사실이 밝혀지면서였습니다. 불은 물질이 산소와 결합하는 '연소 과정'이었죠.
공기 또한 한 가지 근본 물질이 아닌 산소와 질소 등 여러 원소의 혼합 상태라는 것도 알려졌습니다.

물질의 결합과 분리, 변화에 관한 연구가
육안으로 보는 상식의 범위를 넘어서면서
물질관에서도 아리스토텔레스의
권위는 근대 화학에 자리를
내주었습니다.

아리스토텔레스가 동물을 540종으로 분류한 것은
18세기 칼 폰 린네의 생물분류 체계가 나올 때까지 유용했습니다.

천문학자, 물리학자, 화학자, 생물학자 들은 아리스토텔레스를 과학의 무대에서
퇴장시키는 과정에서 각 분야의 혁명가 혹은 아버지가 되었고 세계를 비추는
이성의 조명을 밝히기 시작했습니다.

오늘날 과학에서 아리스토텔레스가
설 자리는 없지만, 엄밀하게
관찰하거나 계산하지 않는 한
우리의 경험은 여전히
그의 견해를 따릅니다.

과학적인 눈으로 볼 때 말이지···.
물이란 게 산소와 수소가 공유결합한 분자들이
수소결합한 거라는 걸 딱 보니 알겠군.

그거 소주다.

아리스토텔레스는 사람들이 경험하고 이해하는 현실 위에
광범한 지식을 쌓아 올린 상식의 과학자였습니다.

내가 지금 뭐 하고 있는지 직관으로 추론해봐.

02

원자의 추억
데모크리토스

데모크리토스 Democritos (B.C. 460?-B.C. 370?)

고대 그리스의 철학자. 물질주의에 바탕을 둔 고대 원자론을 정립했다.
우주가 최소 단위 입자인 원자와 텅 빈 공간으로 이루어져 있다고 생각했다.

아리스토텔레스가

고대 그리스 시대에서 중세 말까지

약 2,000년간 유럽 지성사의 맹주로 군림하는 동안

데모크리토스의 원자론은 깊은 잠에 빠져 있었습니다.

하지만 근대의 서광이 과학의 세계를 비추자,

아리스토텔레스는 주 무대에서 밀려나고

오래전 데모크리토스가 직관으로 상상했던

미시적인 물질계가 주목받기 시작했습니다.

원자(atom)는 '더 나눌 수 없는 물질의 최소 단위'라는
가설로 시작했지만

과학자들은 원자 속으로 더 깊이
들어가 새로운 물질들을 발견하고
그 원리를 추적했으며, 지금도
그 연구는 계속되고 있습니다.

20세기 이후 현대 과학에서
원자 단위의 물질계와 그보다
더 미시적인 영역에 관한
탐구 없이 과학을 한다는 것은
불가능할 정도입니다.

하지만 1803년 영국의 화학자 존 돌턴이 근대적 의미의 원자론을 제기했을 때
서양 과학계는 그 이론을 선뜻 받아들이지 못했습니다. 이유는 간단했습니다.
볼 수 없기 때문이었습니다.

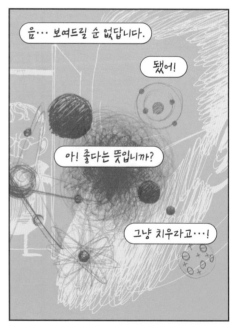

심지어 음속에 관한 연구로 유명한 오스트리아의 물리학자 에른스트 마흐도 원자론을
거부했습니다. 마흐는 존재 여부조차 불확실한 원자 없이도 얼마든지 물리학 연구가
가능하다고 호언장담했습니다.

고대 데모크리토스가 원자론을 주장했을 때도
감각을 통해 실체를 확인할 수 없다는
이유로 외면당했습니다.

고대 그리스 학자들이 물이나
불 같은 물질과 현상으로
자연계를 설명하거나,
수와 같은 추상적인 개념으로
세계의 구성 원리에 관해
이야기할 때, 데모크리토스는
자신은 물론이고 누구도
본 적 없는 원자라는 가상의
존재가 세계를 구성하고 있다고
대담하게 주장했습니다.

만물의 근원이 뭐냐면 말이다.

그 소리 지겹다.

수천 년 후에는 아마 원자를 볼 수 있지 않을까 싶소.

뭘로?

전자현미경이나, 선스펙트럼이나,
입자가속기나 뭐 그런 거지 않을까 싶소.

그게 다 뭔데?

소크라테스와 거의 동시대를 살았던
그는 원자라는 것이 감각기관으로
직접 보고 느끼는 것이 아니라
이성으로 파악하는 것이라고 했어요.

그냥 상상은 자유지 않을까….

현명한 사람이라면 이성으로 원자들이
춤추는 걸 볼 수 있지 않을까 싶소.

이성은 눈이 아닌데?

마음의 눈이라고 누가 그러지 않았을까….

하지만 플라톤은 원자론을 철저히 배격했고 아리스토텔레스 또한
일상의 관찰과 부합하지 않는다는 이유로 비판하며
엠페도클레스의 4원소설이 더 합당하다고 결론지었습니다.

미지의 원자보다 모두가 아는 불, 물, 공기, 흙을
세상을 구성하는 물질로 보는 것이 합당하겠소.

그 결정이 후세 과학자들의
발목을 잡지 않을까 싶소만.

그렇게 그는 고대 자연철학의
주류에서 밀려났지만 그의 원자론을
살펴보면 현대 과학의 방법론과
유사한 점이 있습니다.

데모크리토스는 우주가 최소 단위 입자인 원자들과
텅 빈 공간으로 이루어져 있다고 생각했습니다.

빈 공간에서 원자들은 서로 충돌하거나
뭉치거나 흩어지면서 자연계의 현상을
만드는데, 이 과정에서 물체를
만들기도 하고 소멸시키기도 하는 등
변화가 일어난다고 했습니다.
우주 또한 원자의
소용돌이에서
탄생했다는 거지요.

물, 불, 공기, 흙도 원자들이
부딪치고 결합해서 만들어진 거라고.

현대 과학에서는 원자보다 더 작은
단위로 핵융합과 핵분열도 해요.

거 보라고 말하고 싶다.

천체는 영원불멸하다는
아리스토텔레스 방식과 또 반대네요?

여러모로 개량은 가는 길이
다르지 않았나 싶소.

ARISTOTELES

데모크리토스는 원자의 크기,
모양, 배열, 위치 그리고
원자들끼리 결합하고 분리하는
방식이 달라 물질의 성질이
서로 다르게 나타난다고
주장했습니다.

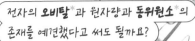

전자의 **오비탈***과 원자량과 **동위원소***의
존재를 예견했다고 써도 될까요?

뭔지는 모르겠지만 폼 나니까
써도 되지 않을까 싶구려.

* **오비탈**
원자, 분자, 결정 속의 전자나 원자
핵 속의 핵자 등의 양자역학적인
분포 상태를 말한다.

* **동위원소**
원자번호는 같으나 질량수가 서로
다른 원소.

오호! 탄소화합물이 빠질 수 없죠?

뭐가 됐든.

그리고 생명체도 결국 원자들이
결합해서 생겨난 것들이고

영혼도, 신에 대한 상상도 모두 원자가
만들어낸 결과물이라고 말하고 싶다.

더 나아가 인간의 정신도
원자의 운동에 의해
만들어졌다고 했습니다.

예에??? 위험한데요?

인간의 정신조차 원자에 의해 만들어졌다는
그의 주장 때문에 데모크리토스는 오늘날
유물론자라고 평가받고 있죠. 그리고 그의 이런 생각은
신학이 지배한 중세에는 철저히 배척되었습니다.

아리스토텔레스를 애지중지했던
중세 유럽이니 어련했겠어요?

자업자득이었지 싶네⋯.

알긴 아셔?

코페르니쿠스나 데카르트 같은
근대의 학자들조차도 인간 이성을
논할 때 신의 존재를 배제하지
않았던 점을 상기하면 그의
유물론적 세계관이 얼마나
혁신적이었는지
알 수 있습니다.

어쩌면 훗날 20세기를 뒤집어놓을 자가 내 이름으로
박사 학위 논문을 쓸 수도 있지 않을까.

누가요?

기왕이면 카를(Karl)….

Karl
Marx

내 박사 학위 논문 제목이 〈데모크리토스와
에피쿠로스 자연철학의 차이〉였지.

형님! 사랑합니다.

Epikuros

그래도 영향 받은 팬이 있었네요?

철학 쪽으로는 꽤 먹히지 않았나 하네만.

데모크리토스는 인간의 삶과 죽음이
원자가 결합하고 흩어지는 것과 같다고
주장하며, 인간에게 사후 세계란 없으니
살아 있는 동안 즐겁게 살라고 했습니다.
이런 사상은 헬레니즘 시대의 그리스
철학자 에피쿠로스에 의해 쾌락주의로
고스란히 이어졌습니다.

데모크리토스는 사실 철학, 윤리학,
수학, 기하학, 역사학, 법학, 음악,
시학 등 다방면의 학문을 섭렵하고
70여 권의 저서를 썼을 정도로
박학한 인물이었습니다.

그런 면에선 아리스토텔레스와 비슷했네요?

걔랑 나는 가는 길이 달랐다니까!

화내시는 건가요?

아리스토 얘길 자꾸 하니까 맘 상하잖아!

데모크리토스의 원자론은 오늘날 과학의 눈으로 보면
오류가 있긴 합니다.

하지만 과학의 발달사에서 안 그런 이론이 어디 있겠습니까?

데모크리토스의 원자론이 지닌 근본적인 한계는 물질을 탐구하는 데 관찰과 실험이라는
과학적 방법이 아닌, 직관에 의한 상상으로 설계된 세계관이라는 점입니다.

그러나 관찰과 실험을 위한 여건도, 참고할 만한 선행 연구 사례도 없는 가운데 오직
직관으로 그려본 원자론이 수천 년 후 근대 과학자 돌턴이 제기한 원자론과 큰 맥락에서는
차이가 나지 않는다는 사실 또한 흥미롭습니다.

데모크리토스는 현세의
삶을 긍정하고 건강한 쾌락을
추구하라는 사상 때문에 흔히
'웃는 철학자'라고 불렸습니다.

그는 중세 내내 잠들어 있다가
아리스토텔레스의 확고했던 권위가 눈을 감게 되었을 때
깨어나 다시 웃기 시작했습니다.

2,000년간의 긴 잠에서 깨어난 원자는 19세기부터
열정적인 과학자들에게 조금씩 모습을
드러냈습니다.

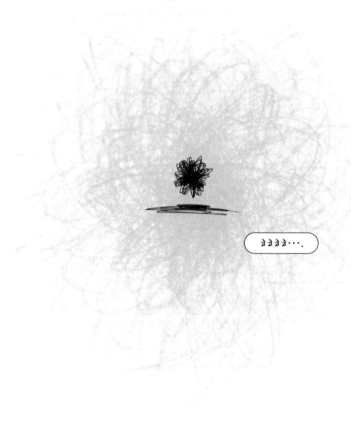

지금도 조금씩, 아주 조금씩….

03

과학 혁명의 서곡
니콜라우스 코페르니쿠스

니콜라우스 코페르니쿠스 Nicolaus Copernicus (1473~1543)

폴란드의 천문학자. 육안으로 천체를 관측했고 지동설의 체계를 정비했다.
코페르니쿠스의 지동설이 등장하면서 근대 과학의 막이 올랐다.

오늘날 우리에게 지동설은 당연한 지식이지만
일상의 경험으로 볼 때 천동설은
그리 호락호락하게 폐기될 만한 이론이 아닙니다.
오늘도 태양은 동쪽에서 떠올라 서쪽으로 졌고,
밤하늘의 별들은 머리 위에서 빙글빙글 돌고 있고,
그 와중에 우리는 움직이지 않는 땅 위에서
어지럼증 없이 서 있기 때문입니다.
2,000년 가까이 지구인들은
천동설이라는 상식으로 불편 없이 살았습니다.
16세기에 이르러 니콜라우스 코페르니쿠스가
지구와 태양의 위치를 재배치하기 전까지 말입니다.

서양 근대 철학사의 위대한 사상가 이마누엘 칸트는 《순수이성비판》에서
자신이 새롭게 고안한 사유의 틀이 얼마나 획기적인가를 자화자찬하며
이런 비유를 들었습니다.

이 비유는 곧 코페르니쿠스가
일찍이 과학의 무대에 일으킨
파장이 얼마나 거대하고
혁신적이었던가를 방증하는
것이기도 합니다.

고대부터 중세를 지나 근대에 이르는 동안
유럽 지성사에서 독보적인 슈퍼스타는
아리스토텔레스였습니다.

특히 물, 불, 흙, 공기라는 네 가지 원소로
이루어진 지구를 중심으로 에테르로 가득
차 있는 천체가 회전한다고 본 그의 우주관은
이후 프톨레마이오스가 수리와 기하학으로
더욱 정교하게 체계화했습니다.

아리스토텔레스의 사상이 스콜라 철학으로 중세 신학과 조우했듯, 천동설 또한 기독교 교리와 궁합이 잘 맞았습니다.

동그란 하늘에 계신 하나님 아버지⋯⋯.

'동그란 하늘을 돌리고 계신'이 아닐까?

교황은 존엄하다!

개똥이다!

성직자는 신의 대리인이다!

헛소리다!

면죄부 사면 복 받는다!

개똥 같은 헛소리다!

종교개혁으로 인해 중세 유럽 사회를 지배했던 가톨릭교회의 권위가 와르르 무너지는 와중에도 지구가 우주의 중심이라는 천동설은 건재했습니다.

지구는 안 돈다!

그 말은 맞다.

사람들의 머릿속에서 지구는
요지부동이었습니다.

안 돌 거다!

가르쳐주고 싶다.

1473년 코페르니쿠스는 폴란드 토룬에서 유복한 상인의 아들로 태어났습니다.
열 살 때 아버지를 여의었지만 명망 있는 성직자였던 외삼촌 루카스 바첸로데의
후원으로 수준 높은 대학 교육을 받을 수 있었습니다.

그는 당시 르네상스의
중심지였던 이탈리아에서
대학을 다니면서 자연과학에서부터
실용적인 과목까지 여러 학문을
폭넓게 익혔습니다.

천문학에 가장 관심이 많았던 그는
아르키메데스의 책을 읽다가 고대 그리스의
철학자 아리스타르코스가 주장했다는
지동설에 관해서도 알게 되었습니다.

기원전 3세기 그리스 사상가였던 아리스타르코스는 삼각법으로 태양과 달의 상대적 거리를 계산하고 지구보다 훨씬 큰 태양이 천체의 중심일 거라고 추측했지만, 묵살된 바 있습니다.

1377년 프랑스의 철학자이자 주교였던 니콜 오렘도 지동설을 주장한 적이 있지만, 물러섰습니다.

공부를 마치고 고향으로 돌아온 코페르니쿠스는
대주교였던 외삼촌의 의학 고문, 지역의 의사,
대성당의 참사원으로 일했습니다.
그리고 밤에는 별을 관찰하며
천문학 연구를 계속했습니다.

너 옥상에서 뭐 하냐?

코페르니쿠스는 천동설이 마음에 들지 않았습니다.

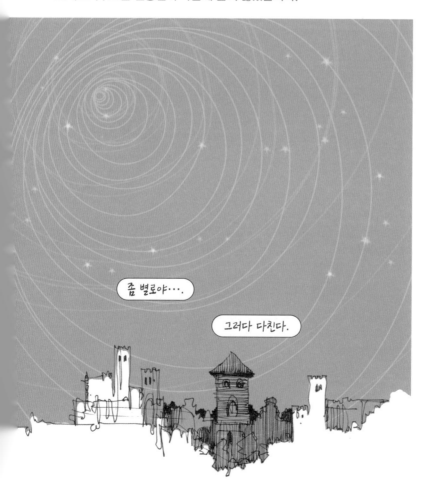

좀 별로야····.

그러다 다친다.

그가 천동설에 불만을 품었던 이유는 과학의 원리는 간결하게 표현할 수 있어야 한다는 소신 때문이었습니다.

프톨레마이오스의 우주 모형은 태양과 행성들이 정확하게 지구를 중심으로 원운동을 하는 단순한 모양이 아니었습니다.

천동설 모형이 복잡해진 이유는 애초에 결함을 안고 시작한 가설이었기 때문입니다.

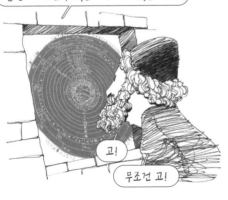

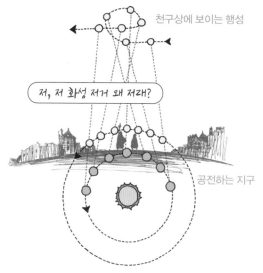

천구상에 보이는 행성

저, 저 화성 저거 왜 저래?

공전하는 지구

실제로 행성의 움직임을 관측하면 역행운동이 발생하는데 프톨레마이오스의 천동설로는 이것을 명쾌하게 설명하지 못합니다. 역행운동은 지구와 다른 행성의 공전 속도 차이 때문에 나타나는 현상이기 때문입니다.

그래도 학자들은 천동설을 의심하지 않았습니다. 어떻게든 동그란 우주 모형으로 관측 결과를 설명하기 위해 주전원 운동이라는 개념을 삽입했습니다.

주전원 운동이란 행성이 지구를 중심으로 반복해서 원을 그리며 도는 것을 말합니다. 세월이 흐르면서 주전원의 수도 많이 늘었습니다.

주전원 운동

역행운동

하늘이 너무 복잡해졌습니다.

지구가 도는 것보다는 낫다.

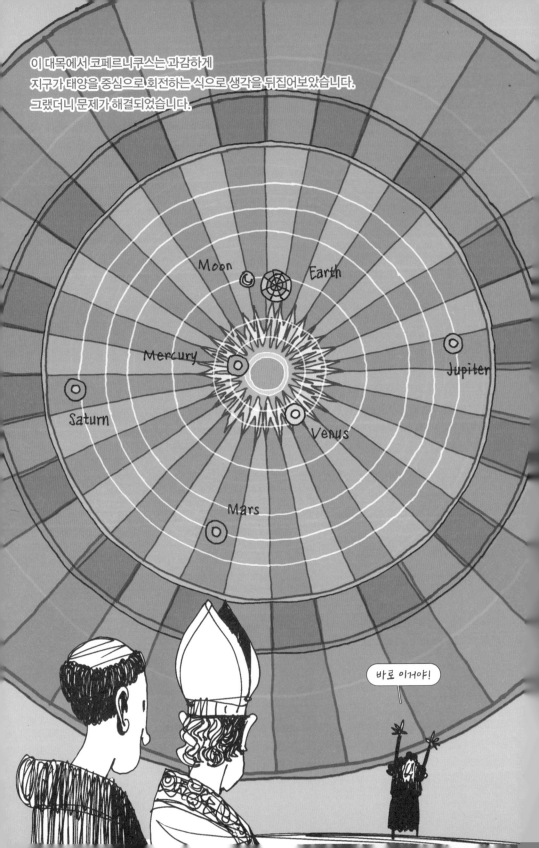

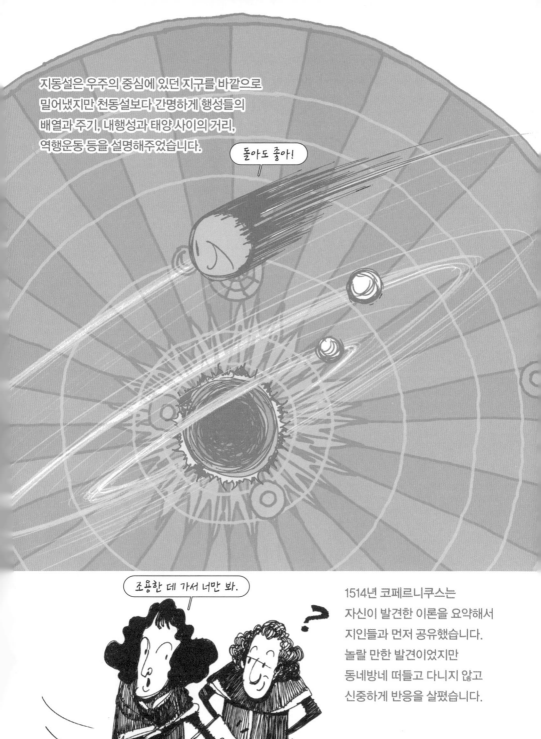

지동설은 우주의 중심에 있던 지구를 바깥으로
밀어냈지만 천동설보다 간명하게 행성들의
배열과 주기, 내행성과 태양 사이의 거리,
역행운동 등을 설명해주었습니다.

돌아도 좋아!

조용한 데 가서 너만 봐.

1514년 코페르니쿠스는
자신이 발견한 이론을 요약해서
지인들과 먼저 공유했습니다.
놀랄 만한 발견이었지만
동네방네 떠들고 다니지 않고
신중하게 반응을 살폈습니다.

뭐여? 뭐 좋은 거여?

알 만한 사람들 사이에서 지동설은 '대박'이었습니다.
필사본으로 유포된 문헌은 사람들 사이에 금방 퍼졌고
천동설보다 명료하고 우아한 그의 우주 모형을 좋아하는 사람들이 늘어갔습니다.

그중 가장 적극적인 사람은
독일의 수학자 레티쿠스였습니다.
그는 지동설에 크게 감동해 곧장
코페르니쿠스에게 달려갔습니다.

레티쿠스는 제자 겸 조수를 자처하면서 코페르니쿠스에게 연구 성과를
얼른 출판하자고 졸랐고, 1540년 《첫 번째 보고》를 발간했습니다.

2,000년 이상을 이어온 금기를
깨트린 것에 대해 커다란 파문이 일까 봐
주저했던 것과는 달리, 가톨릭교회는
별다른 반응을 보이지 않았습니다.

레티쿠스는 내친 김에 연구 내용을
모두 공개하자고 부추겼지만
코페르니쿠스는
안심할 수 없었습니다.

결국 레티쿠스가 다른 곳으로 떠난 다음
안드레아스 오시안더 신부가 출판을 맡게 되었고
근대 천문학의 기원이 된 책《천체의 회전에 관하여》는
코페르니쿠스가 사망한 해인 1543년
세상에 나왔습니다.

오시안더는 태양을 중심에 둔 것이 그저 행성 운동을 예측하기 위한
수학적 가설일 뿐이라는 문구를 서문에 추가했습니다.

그러나 코페르니쿠스는 평생을 바친 자신의 연구가 올바른 천문학의 효시가
될 것을 확신했고 그런 신념을 당당하게 썼습니다.

즉각적인 처분을 유보하던 가톨릭교회도 머지않아
갈릴레오가 지동설을 지지하자, 결국
《천체의 회전에 관하여》를 이단적인 저술로 지목했습니다.

코페르니쿠스가 남긴 업적과 과제는 올바른 천체 탐구를 위한 시금석이 되었고
브라헤, 케플러, 갈릴레오 같은 학자들의 집념과 열정으로 이어졌습니다.
《천체의 회전에 관하여》는 200년이 지난 19세기 초에야 금서에서 해제되었습니다.

지동설은 매우 혁명적으로 지구를 돌리는 데 성공했지만 코페르니쿠스 역시 신의 조화와
완전성을 나타내는 원에 대한 미련은 버리지 못했습니다. 그리고 등속운동도 고수했습니다.
그로 인해 다시 코페르니쿠스식 주전원이 등장했고 훗날 케플러가 운동 모형을 완성할
때까지 지동설은 결함 있는 미완의 모습으로 남아 있었습니다.

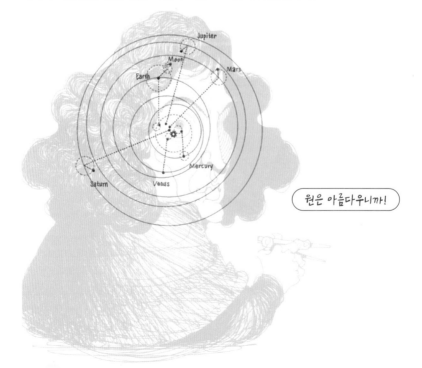

04

인간 망원경
튀코 브라헤

튀코 브라헤 Tycho Brahe (1546-1601)

덴마크의 천문학자. 망원경이 없던 시절 정밀한 단위로 행성과 별을 관측했다. 그때까지 누구도 시도하지 못했던 일이었다. 또한 아리스토텔레스의 천문학을 부정하는 관측 증거를 발견했다.

튀코 브라헤는

천문학에 대한 열정과 자존심이 남달랐습니다.

그는 초신성을 발견했고, 혜성을 관찰했으며

777개가 넘는 항성들의 위치를 정교하게 측정하는 등

방대한 양의 천문 관측 자료를 남겼습니다.

그런 업적은 모두 망원경이 없던 시절에

관측 장비의 결함을 스스로 보완하며

얻어낸 것들입니다. 브라헤의 자료 덕택에

요하네스 케플러는 제대로 된 근대 우주론의

초석을 다질 수 있었습니다.

코페르니쿠스가 지동설을 발표하며 근대 과학 혁명의 포문을 연 다음에도
학자들은 우주에 대한 인식의 논란에 종지부를 찍지 못했습니다.

올바른 우주 모형에 대한 논쟁은 계속되었습니다.
과학계는 천동설을 지지하는 쪽과 지동설을 지지하는 쪽으로 나뉘어
연구와 강의가 이루어졌습니다.

우주론이 과도기적 혼란을 겪은
이유는 당시 천동설이
가톨릭교회를 중심으로 견고하게
자리잡고 있었던 데다,

코페르니쿠스의 지동설이 이전 아리스토텔레스 방식의
우주관을 완전히 극복하지 못한 미완의
가설이었기 때문입니다.

그는 지구가 돈다는 사실을 전제로 천체 운동을
명료하게 설명하려고 노력했지만, 천문학의
기본이 되는 관찰에는 소홀했습니다.
적어도 튀코 브라헤의 기준으로 볼 때는 그랬습니다.

내 관찰 연구가 부실했다고 누가 그래?

내가.

과학을 하려면 제대로 해야 하지 않겠나?

어떻게?

당시 덴마크 귀족이었던
브라헤는 이전까지의 모든
천문학자를 한 가지 이유로
못마땅해했습니다.

정확하고 충분한 데이터 수집이 필수이지 않겠냐고?

브라헤는 그런 말을 할 자격이 있었습니다.

지체 높은 귀족 오토 브라헤의 아들로, 금수저를 물고 태어난 튀코 브라헤는 더 지체 높은
큰아버지 외르겐 브라헤에게 납치되어 양자로 자랐습니다. 형에게 후사가 없을 경우
아들 한 명을 양자로 주겠다고 한 아버지의 약속 때문이었습니다.

큰아버지는 튀코를 자신의 대를 잇는
고관대작으로 키우기 위해 어릴 적부터
수준 높은 교육을 시켰습니다.

1560년 튀코 브라헤는 자신의 진로를 결정짓는 중대한 사건을 목격하게 됩니다.
일식이었습니다. 브라헤의 마음을 사로잡은 것은 일식 자체의 광경보다
천문학자들이 달의 궤도를 기록한 관측표를 바탕으로 일식을 예고했다는
사실이었습니다. 양아들이 자신의 기대에 어긋날 조짐을 보였지만
큰아버지는 상류사회의 관행대로 브라헤를 외국으로 유학 보냈습니다.
그리고 가정교사 겸 감시자를 붙였습니다.

브라헤는 라이프치히 대학에서
법학을 전공했지만 천문학과 수학에
더 열을 올렸고, 밤에는 별을
관찰했으며 천문 관측 장비와
천문학 관련 서적 등을 사들였습니다.

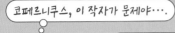

코페르니쿠스, 이 작자가 문제야….

확실한 근거도 없이 지구를 함부로 돌리다니 말이야.

천문학에 관심을 가지면 가질수록 브라헤는 불만이 쌓여갔습니다. 그때까지 천문학자들은 오랜 시간을 들여 별을 관측하기보다 특정 현상을 관찰한 경험을 바탕으로 문헌과 직관에 더 많이 의존했습니다. 그래서 기록된 자료에 오류가 많았습니다

세월이 흐르면서 브라헤는
더 큰 사명감을 갖게 되었습니다.

이럴 바엔 내가 새로
관측하는 게 낫겠는데?

그동안 큰아버지는 물에 빠진
덴마크 국왕 프레데리크 2세를 구하느라
고생하다 끝내 숨을 거두었고,

내가 폭군이 아닌 걸 감사하고 눈감으라.

이 은혜를 성질 나쁘고 시력 좋은
제 양아들에게 갚아야 하지 않겠습니까?

끝까지 간섭····.

브라헤는 월식이 있었던 1566년, 별점을 쳐서
당시 유명했던 오스만투르크의 술탄 술라이만의
죽음을 예고하여 유명세를 떨쳤습니다.

여든 넘은 노인였는데?

때려맞혔으니 된 거 아니겠어?

어떤 귀족과 말다툼을 하다가 벌인
결투에서 코가 잘리기도 했고,

1572년 카시오페이아 자리에서
초신성을 발견하기도 했습니다.
초신성은 별이 마지막 단계에
이를 때 폭발하며 큰 빛을 내는
현상으로, 당시 사람들로서는
이해하기 어려운
천체 현상이었습니다.

대낮에도 빛날 정도로 밝게 등장한 별을 본 사람이 브라헤만은 아니었지만,
다른 이들이 신기해하고 있을 때, 그는 18개월에 걸쳐 별의 동태를 면밀히 관찰했습니다.

그리고 1573년에 출판한 《새로운 별》을 통해 그 별은 천상계에
해당하는 천구에 속한 것이 확실하다고 주장했습니다. 이른바 하늘(천구)은
불변한다는 기존 아리스토텔레스 우주론에 대한 반기였습니다.

브라헤는 유난히 밝게 빛나는 별을 가지고 **연주시차**˚도 측정해보았습니다.
하지만 당시의 관측 장비로는 한계가 있었고, 연주시차가 발견되지 않아서
지구가 공전한다는 증거가 없다는 결론을 내렸습니다.

• 연주시차
어떤 천체를 지구에서 본 방향과 태양에서
동시에 본 방향의 차이. 각도로 값을 나타
내며 이것으로 천체의 거리를 측정한다.

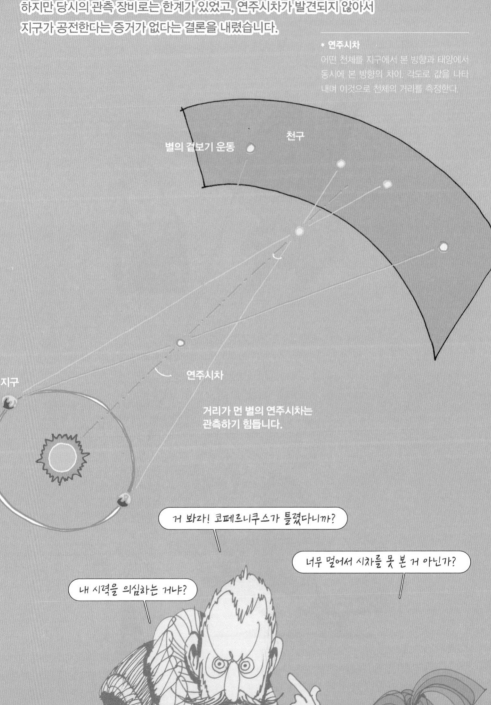

천구

별의 겉보기 운동

지구

연주시차

거리가 먼 별의 연주시차는
관측하기 힘듭니다.

거 봐라! 코페르니쿠스가 틀렸다니까?

너무 멀어서 시차를 못 본 거 아닌가?

내 시력을 의심하는 거냐?

어쨌든 브라헤는 천문학계에서 손꼽히는 인사가 되었고
국왕도 기왕 하는 연구 제대로 한번 해보라고
그에게 섬 하나를 통째로 내주었습니다.
브라헤는 그 섬에 '하늘의 별장'이라는
뜻의 천문대 '우라니보르그'를 지었고,
천문대는 그 지역의 명물이 됐습니다.

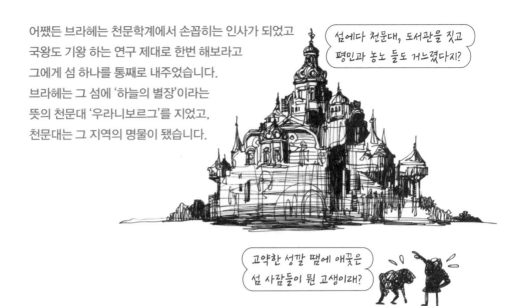

섬에다 천문대, 도서관을 짓고
평민과 농노 들도 거느렸다지?

고약한 성깔 땜에 애꿎은
섬 사람들이 뭔 고생이래?

그는 우라니보르그에서 20년 넘게 하루도 빠짐없이, 어느 누구도
시도조차 하지 못했던 정밀한 단위로 행성과 별을 관측했습니다.
어마어마한 양의 관측 정보가 쌓여갔습니다.

나리, 서재 공간이 부족합니다요.

그럼 늘려야지!

1577년 브라헤는 혜성을 발견했습니다.
혜성을 대기 현상이라고 보았던 당시,
그는 정밀한 관측과 분석 끝에
결론을 내렸습니다.
머나먼 천구로부터 지구와 달 사이를
가로지르는 천체의 운동이라고.

날로 유명해지는 가운데 브라헤는 코페르니쿠스의 지동설을 반박하고
우주론의 권위를 다시 세우는 일에 박차를 가했습니다.

1587년과 1588년에 발표한 논문 〈새로운 천문학 입문〉을 통해
브라헤는 과학사에서 가장 특이한 우주 모형을 선보였습니다.
천동설을 기본으로 한 지동설과의 절충안이었습니다

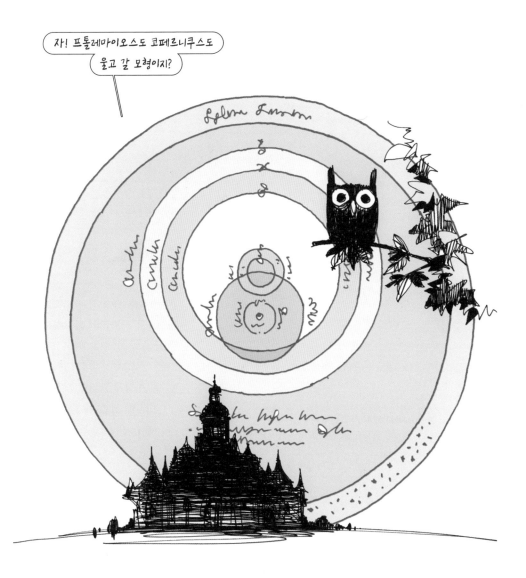

그는 코페르니쿠스가 태양 주위로
돌렸던 지구를 다시 중심에 놓고
대신 태양이 다른 몇 개의 행성들을
거느리고 돌게 했습니다.
브라헤는 천동설과 코페르니쿠스의
지동설에서 제대로 설명하지 못한
이심과 주전원 문제를 해결했다고
자신했지만 학계에서는 그다지
주목하지 않았습니다.

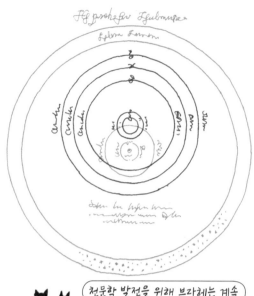

천문학 발전을 위해 브라헤는 계속
관찰만 하는 게 좋을 듯해.

브라헤는 비범한 관찰력과
편집증을 가졌지만 상상력과
수학에는 재능이 부족했습니다.
브라헤의 우주 모형은
그런 그가 간신히 생각한
희한한 모델이었습니다.

누군가 브라헤의 자료를 넘겨받을 때가 온 것 같다.

그 성질에 순순히 건네줄까?

브라헤는 더 이상 주목 받지 못했지만 변함없이 관측에 매달렸고 그러는 사이
주변 사정도 달라졌습니다. 그를 지지했던 국왕이 사망하자, 궁정의 인심도
야박해졌습니다. 그는 섬을 떠나 보헤미아로 거처를 옮겨야 했습니다.

천문학계는 브라헤의 자료가 요긴하게 쓰일 수 있는 계기를 기다려야 했습니다.

방대한 양의 관측 자료를 가지고도
더 이상 의미 있는 결과를 못 내고 있을 즈음,
브라헤는 편지 한 통을 받았습니다.

그 편지는 상상력과 수학에
뛰어난 요하네스 케플러라는
젊은이가 보낸 것이었습니다.

05

행성의 진로
요하네스 케플러

요하네스 케플러 Johannes Kepler (1571~1630)

독일의 천문학자. 브라헤가 남긴 데이터를 해석하는 과정에서 자신만의 직관과
상상력을 동원해 행성의 타원 궤도운동처럼 우주와 행성 운동을 새롭게 설명했다.

천상의 운동이 완벽한 원이어야 한다는 대전제는
어떤 위대한 천문학자도 부정하지 않았던
신의 조화와 섭리를 향한 믿음이었습니다.
그러나 케플러는 결정해야만 했습니다.
브라헤로부터 받은 정밀한 관측 자료들이
오차 없이 잘 들어맞기 위해서는
행성의 궤도가 타원이어야 했기 때문입니다.
요하네스 케플러는 원을 포기하고 타원을 선택함으로써
코페르니쿠스가 촉발해서 60여 년을 끌어오던
우주 논쟁에 종지부를 찍었습니다.

1600년 어느 날 지금의 프라하인
보헤미아에서 드라마 같은 일이
벌어졌습니다. 한 사람의 운명이 바뀜과
동시에 기로에 서 있던 천문학계의
미래가 결정되는 순간이었습니다.

당시 신성로마제국 황실 천문학자였던 브라헤가
임종을 눈앞에 두고 자신이 평생에 걸쳐
연구하고 정리한 천체 관측 자료를 몽땅
요하네스 케플러에게 물려주겠다고
선언한 것입니다. 케플러는
연구실 조교나 조수도 아니었고
타지에서 온 지 얼마 안 된
이방인이나 다름없었습니다.

브라헤의 관측 데이터는
타의 추종을 불허하는 정확도와
엄청난 양으로 당시 천문학자라면
누구나 탐낼 만한 자료였습니다.

브라헤 곁에서 오래 일했던 조교와
연구원 들로서는 스승의 결정을
도무지 이해할 수 없었지만
그 순간 브라헤의 정신은
어느 때보다 맑았습니다.

케플러는 하루아침에 브라헤가 남긴 모든 업적을 이을 적임자가 되었고
곧이어 황실 수학자로 임명되었습니다. 아마도 케플러의 눈앞에는 천문학자가
되리라고는 꿈도 꾸지 못했던 어린 시절이 주마등처럼 지나갔을 겁니다.

케플러는 힘든 어린 시절을 보냈습니다.
그의 부모는 아들에게 안락함이나 정서적 안정보다는
불안을 느끼게 하는 사람들이었습니다.
아버지는 허세를 부리며 장사로 돈을 날려서
용병으로 전쟁에 나가 종적을 감추었고,
어머니는 주변 사람들을 피곤하게
만드는 인물이었습니다.

게다가 천연두를 앓았던
후유증으로 시력이 약해져서
만일 천문학자가 되고 싶은
마음이 있었더라도 일찌감치
꿈을 접어야 했을 겁니다.

미래를 예측하기 어렵고
희망이 보이지 않는 고단한
삶에서 벗어나기 위해
그가 선택한 진로는
성직자가 되는 것이었습니다.

아델베르크 신학교를 거쳐,
튀빙겐 대학에서 신학을 공부할
때만 해도 그는 자신의 미래가
분명하게 정해진 줄 알았습니다.
교과과정에 수학, 물리학, 천문학 등이
포함되어 있었고 당시 신지식이었던
코페르니쿠스의 지동설에도
끌렸지만 성직자가 되려는
마음은 변함없었습니다.

그러나 하늘이 케플러에게 준 사명은 달랐나 봅니다. 운명은 그가 성직자의 길을 걷도록
내버려두지 않았습니다. 1594년 마지막 학기부터 일이 꼬이기 시작했습니다.

오스트리아 그라츠 지역 신학교에 수학 교사
결원이 생겨 적임자를 천거해달라는 요청이
왔는데, 튀빙겐 대학에서 케플러를
적극 밀었던 겁니다. 대학 관계자는
그를 어르고 달래고 설득했습니다.
수학 교사가 된 케플러는 자연스럽게
천문학에 발을 들였습니다. 안 좋은
시력 탓에 관측은 어려웠지만 명석하고
박식했던 케플러는 자신만의 직관과
상상력으로 우주와 행성 운동을
설명하고자 했습니다.

튀빙겐 대학에서 공부할 때부터
코페르니쿠스의 지동설을 적극
지지했던 그는 먼저 궁금한
문제부터 풀어보기로 했습니다.

신이 만든 우주에는
기하학적인 원리가 내재해
있을 거라 믿었던 그는
여섯 개의 행성 궤도를
다섯 개의 정다면체로
설명하는 방법을
찾아냈습니다.

먼저 제일 바깥쪽에 토성 궤도에 해당하는 천구가 있고,
그 안에 꽉 차는 정육면체, 거기에 내접하는 목성의 천구,
그 속에 정사면체, 화성의 천구, 정십이면체, 지구의 천구,
정이십면체, 금성의 천구, 정팔면체, 수성의 천구, 중심에 있는 태양.
케플러가 상상한 우주의 모습이었습니다.

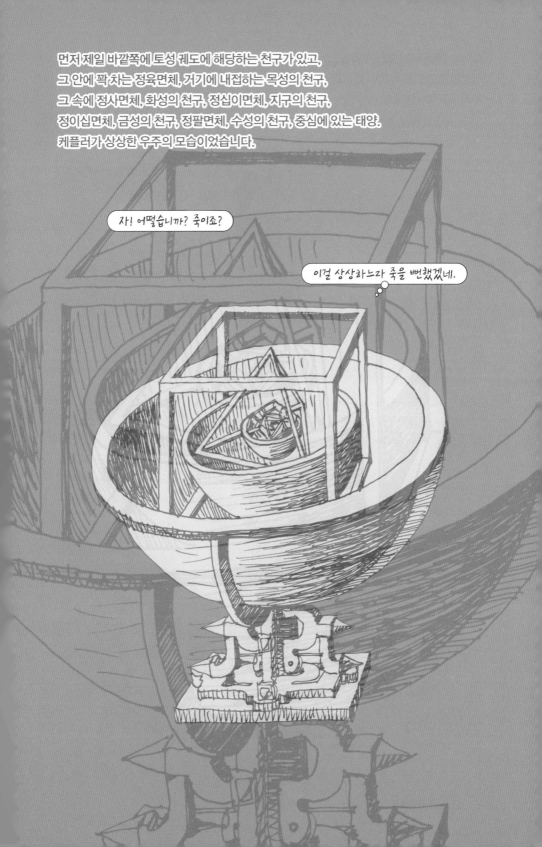

기하학적 행성 운동 모형은 결코
과학적인 방법으로 얻어낸 결과가 아니었지만
케플러는 한껏 고무되었습니다.

그리고 이 내용을 수록한 《우주 구조의 신비》라는 책을 출간했습니다.
얼마나 뿌듯했던지 이 책을 유명 과학자들에게 보냈습니다.
물론 탁월한 연구자로 명성을 떨치고 있던 갈릴레오와 브라헤에게도 보냈습니다.

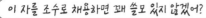

이 자를 조수로 채용하면 꽤 쓸모 있지 않겠어?

책을 받아본 브라헤는 케플러가 참 별스러운 인물이라고 여겼지만 적어도 기하학에 대한 그의 통찰력과 수학 실력은 인정했습니다.

근본도 모르는 자를 데려다 뭐에 쓰려고 그러십니까?

근본적으로 수학 실력이 너보다 낮지 않겠어?

책도 한 권 내고 제법 꿈도 야무지게 부풀었지만 그로부터 몇 년간 케플러를 둘러싼 상황이 악화일로로 치닫게 됩니다.

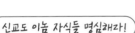

케플러 샘, 지금 그렇게 히죽거리고 있을 때가 아닙니다!

왜?

신교도들이 다 쫓겨날 판이라구요!

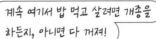

신교도 이놈 자식들 명심해라!

계속 여기서 밥 먹고 살려면 개종을 하든지, 아니면 다 꺼져!

1596년, 그라츠가 속한 슈타이어마르크 공국의 통치자가 된 페르디난트 대공은 자신이 믿는 교리에 위배되는 어떠한 종교적 자유도 허용하지 않는 특단의 조치를 내렸습니다. 그는 독실한 가톨릭 신자, 즉 구교도였고, 케플러는 신교도였습니다.

그는 갖은 불이익과 고초에 마음고생을 하며 몇 년을 버텼습니다.

한편, 1599년 브라헤는 여러 사람과의
불화를 겪다가 자신에게 우호적인
루돌프 2세의 궁정이 있는 프라하로
거처를 옮겼습니다. 프라하에서는
개인의 종교에 대해 까다롭게
굴지 않았습니다.

1600년 드디어 케플러에게 기회가 찾아왔습니다. 그의 재주를
아꼈던 한 귀족의 소개로 프라하에서 쉰세 살의 브라헤와
스물여덟 살의 케플러의 역사적인 만남이 이루어졌습니다.

저명한 노학자는 상상력이 고갈되었지만
황실이 후원하는 전용 연구 시설과 엄청난 보물인
관측 자료를 손에 쥐고 있었고,
새파란 젊은이는 손에 쥔 것은 없었지만 머릿속 가득한
상상력과 빼어난 수학 실력을 갖고 있었습니다.

케플러는 프라하에 머무는 동안
소문으로만 듣던 전설의 관측 자료 중
일부를 맛보기로 확인했고,

거장이 평생 직접 만들고 다듬은 장비와
천문 관측 시설의 위용도 보았고,

기존 연구실 조교와 조수 들의
텃세도 맛보았습니다.

두 사람이 의기투합할 수 있는 방안을
찾아보기로 합의한 다음 케플러는
가족이 있는 그라츠로 다시 돌아갔지만
상황은 더 나빠졌습니다.

당국은 케플러의 직업과 재산을 박탈하고 추방 명령을 내렸습니다.
사면초가에 몰린 그는 편지를 썼습니다.

브라헤는 원석인 관측 자료를
제대로 가공해서 보석으로
만들어줄 인물이 케플러뿐이라고
생각했기에 곧바로 답장을 썼습니다.

우여곡절 끝에 프라하에 정착하고 조교가 된
케플러는 무엇보다 자료를 보고 싶었습니다.
하지만 브라헤는 찔끔찔끔 열람을 허락하며
젊은이의 태도를 살폈습니다.
자료를 간절히 원한 케플러는 브라헤와는
다른 꿈을 꾸고 있었습니다.

그렇게 케플러의 발목을 잡고 있던 미묘한 긴장감은
브라헤의 갑작스러운 병으로 한순간에 사라졌습니다.

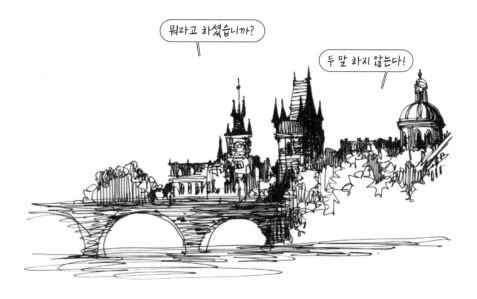

코페르니쿠스의 과학 혁명 이후 천문학 역사에서 드디어
지동설의 피날레가 예고되는 순간이었습니다.

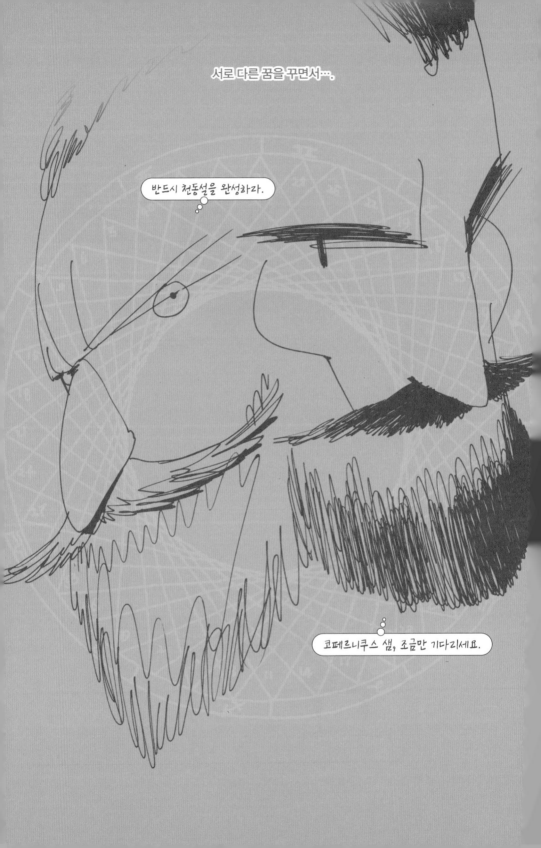

06

지구를 돌리는 힘
윌리엄 길버트

윌리엄 길버트 William Gilbert (1544-1603)

영국의 물리학자이자 의사이다. 지구가 그 자체로 커다란 자석임을 발견하고 자침의 움직임을 관찰해 편각과 복각 현상을 밝혀냈다. '자기학의 아버지'라고 불린다.

'지구와 행성을 움직이게 하는 힘은 무엇인가?'
케플러가 이런 궁금증을 갖고 있을 때
영국의 한 내과 의사도 지동설이 단지 가설이 아니라,
실제적인 천체 운동을 설명하는 이론이라고 믿으며
그 힘의 정체를 밝히는 연구를 수행하고 있었습니다.
그 의사의 이름은 윌리엄 길버트.
1600년, 그는 자석에 관한 오랜 실험과 연구를 바탕으로
지구가 거대한 자석이라는 내용을 담은《자석에 관하여》를
발간했습니다. 길버트의 이론에 깊이 공감한 케플러는
자기력을 행성 운동 법칙의 바탕으로 삼았습니다.

케플러는 브라헤가 애지중지하던
관측 자료를 통째로 넘겨받았지만
자료를 천동설 연구에 사용하라는
고인의 유지는 가볍게 무시했습니다.
케플러의 과학적 신념과 존경은
오로지 코페르니쿠스를 향해
있었습니다.

두고 봐, 코페르니쿠스의 이론이
참이라는 걸 증명하는 건 시간문제라고.

시간이 언제 가는지도 모르게 될 게야.

케플러는 자신감에 차 있었을 겁니다.
자타가 공인하는 수학 실력자이니 정
밀한 브라헤의 관측 기록들만 계산하
면 만사형통일 줄 알았을 테죠.

하지만 그 작업은 결코 순탄치
않았습니다. 일단 브라헤의 자료가
워낙 방대해서 화성 궤도를
계산하는 것만도 몇 년씩이나
걸렸습니다.

지금은 아무리 많은 데이터라 할지라도 컴퓨터에 입력하고 버튼만 누르면
정산된 값이 출력되지만 케플러는 오로지 머리와 손으로 계산해야 했습니다

그런데 케플러가 넘어야 할 큰 산은 따로 있었습니다.
지동설이 옳다는 신념을 갖고 아무리 계산을 해봐도
태양을 중심으로 원운동 하는 화성의 궤도에서
계속해서 오차가 생기는 거였습니다.

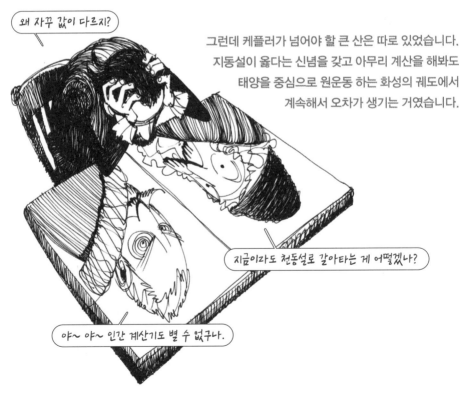

결국 케플러는 좀 다른 관점에서 다시 출발하는 수밖에 없었습니다.
원이 아닌 타원에 브라헤의 관측 자료를 적용해보는 것이었습니다.

원운동을 포기한다는 것은
쉽지 않은 선택이었습니다.
코페르니쿠스를 비롯한 선배
천문학자들처럼 케플러 또한
신의 섭리는 가장 단순하고 완벽한
원의 형태로 표현되었을 거라고
굳게 믿었기 때문입니다.

결과는 놀라웠습니다. 행성의 궤도를 타원으로 하고
그 타원의 두 초점 중 하나에 태양을 위치시켰더니
많은 문제가 순조롭게 풀렸습니다. 복잡했던
주전원*과 **이심***에 관한 문제도 사라졌습니다.

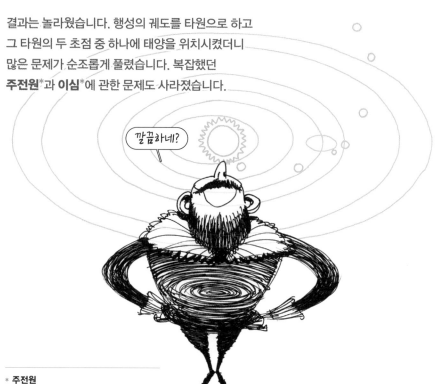

깔끔하네?

* **주전원**
천동설에서 천체의 움직임을 설명하기 위해
만든 개념으로, 천체가 작은 원을 그리며 큰
원 궤도 위를 이동한다는 설이다.

뱅글뱅글 돌면서 빙그르르 돌아요.

* **이심**
역시 천동설에서 행성의 궤도가 반대로 가는 '역행' 현상
등을 설명하기 위해 만든 개념으로, 천동설을 지지하는
천문학자들은 천체가 지구를 중심으로 돌지만, 그 공전
궤도의 중심은 지구에서 조금 떨어진 한 점인 '이심점'에
있다고 설명했다.

첫 단추를 잘못 채웠어요.

그리고 이미 관측과 계산을 통해 어느 정도
예측하고 있었지만, 행성이 태양에
접근할 때 더욱 빨라졌다가, 멀리
떨어져 움직일 때 속도가 느려지는
현상도 설명이 가능해졌습니다.

행성이 궤도를 돌 때 어느 지점에서나 태양과 연결한
가상의 직선이 같은 시간 동안 지나간 면적은 항상
동일하다는 행성 운동의 법칙을 발견한 것입니다.

그런데 케플러가 책임져야 할 것이 남았습니다.
행성의 운동에 변화를 주는 힘의 원천이 대체
무엇인가 하는 거였습니다.

이것은 케플러만의 고민이 아니었습니다. 영국에서 잘나가던 의사
윌리엄 길버트 또한 지구가 무슨 힘으로 움직이는지 궁금했습니다.
길버트는 케플러처럼 코페르니쿠스를 존경하고 지동설을 믿는 사람이었습니다.
그래서 지동설을 보편적인 세계관으로 정립하려면 무엇보다 그 문제에
답할 수 있어야 한다고 생각했습니다.

그는 지구를 밀거나 끄는 힘이 외부에 없다면
그 자체의 힘으로 움직일 거라는 상상력에서
출발했습니다. 그래서 스스로 움직이는
물건에 주목했는데 그것은 바로
나침반이었습니다.

당시 항해에 쓰이던 나침반이
한쪽 방향으로 움직이는 것을
보고 사람들은 비과학적인
상상을 했습니다.

길버트는 지구가 그 자체로 거대한
자석일 거라는 남다른 생각을
해냈습니다. 그리고 가설을
입증하기 위해 실험을 했습니다.

자철석을 직접 구 형태로 깎아서
지구 모형 자석을 만들고 이름도
붙였습니다. 그리고 그 위에
작은 나침반을 올려 위치를
바꿔가면서 나침반 바늘이
어떻게 움직이는지
관찰했습니다.

길버트는 나름 만족스러운 결과를 얻었습니다.
편각과 복각 현상이 나타난 것입니다.

무려 17년간의 실험으로 확신을 다진 길버트는 1600년
《자석에 관하여》라는 책을 출간했습니다.

길버트의 이론이 나왔을 때 모두가 고개를 끄덕이지는 않았습니다.
하지만 갈릴레오나 케플러 같은 과학자들에게는 큰 영향을 끼쳤습니다.

특히 케플러는 길버트의 실험에 관해
듣자마자 깊이 공감했습니다.

태양을 포함한
모든 행성이 자기력을 갖고 있고
그 상호작용으로 천체가 운행한다고 결론지었습니다.

그리고 두 가지 법칙을 담은 책《새로운 천문학》을
1609년에 출간했습니다.

아리스토텔레스 방식의 우주관에서 원이라는 관념과 등속이라는 불변의 원리가
케플러에 의해 근대 천문학에서 사라지게 된 겁니다.

형님, 이제 우주에 설 자리가 없어지셨네요?

너나 나나 노벨상 못 받긴 마찬가지….

케플러는 《새로운 천문학》 발표 이후
부인과 아들의 사망, 프라하에서
린츠로 이주 등 다사다난한 삶을
겪었지만 그 와중에도 연구를
계속했고 1619년 《세계의 조화》를
출간했습니다. 그 책에
케플러 제3법칙이 수록되었습니다.

Ioannis Keppleri

HARMONICES
MVNDI

LIBRI V. QVORVM

행성이 태양 궤도를 한 바퀴 도는 데
걸리는 시간의 제곱은 태양과 행성 사이의
평균 거리 세제곱에 비례한다.

1617년에서 1621년에 걸쳐 케플러는 코페르니쿠스 이론을 설명한
《코페르니쿠스 천문학 개요》를 발표했고 1627년에는 행성 궤도의 정확한 관측표를
만드는 작업이었던 《루돌프 목록》 간행을 완수해 당시 신성로마제국 황제였던
페르디난트 2세에게 헌정했습니다.
이 목록의 이름은 자신과 브라헤를 궁정으로 불러들였던
황제 루돌프 2세의 이름을 딴 것입니다.

지동설을 완성하고 근대 천문학의 튼튼한 집을 지은 케플러는
1630년 독일 레겐스부르크에서 생을 마감했습니다.

07

망원경으로 찾은 지동설의 증거

갈릴레오 갈릴레이 1

갈릴레오 갈릴레이 Galileo Galilei (1564-1642)

이탈리아의 천문학자이자 물리학자이며 수학자이다. 코페르니쿠스의 지동설을
지지했으며, 망원경을 통한 관측으로 다양한 증거를 수집했다. 관성의 개념을
제안했다.

갈릴레오 갈릴레이를 이야기할 때마다
등장하는 두 가지 일화는
"그래도 지구는 돈다."와 '피사의 사탑'에서의
낙하 실험입니다. 둘 모두 진위를 뚜렷하게
알 수는 없지만 오늘날 과학계는 그의 천문학과
물리학 분야의 업적에 존경과 찬사를 보냅니다.
갈릴레오는 코페르니쿠스의 지동설을 증명했으며,
운동 역학에서는 훗날 뉴턴이 올라탄
가장 큰 거인이 되었습니다.

이런! 발칙하고 해롭기 짝이 없는 책을 봤나!

1633년 교황청은 시중에 나와 있던 책 한 권을 매우 위험한 금서로 지정했습니다.

모조리 수거해라!

돈 주고 산 사람들은 우짭니까?

압수해라!

책을 가진 사람들은 즉시 거주지 종교 재판관에게 신고하고 반납해야 했습니다.

네 죄를 알렸다!!

알다가도 모르겠는데요?

책을 쓴 저자에게도 엄한 벌을 내렸습니다.

죽을 때까지 집에서 나오지 마라!

문제의 책은 1632년 1,000부를 출간한 《두 우주 체계에 관한 대화》이고,
쓴 사람은 이름만 들으면 모두가 아는 과학자 갈릴레오 갈릴레이였습니다.

금서 조치가 내려지자
오히려 사람들은
책을 구하려고 열을 올렸고,
그 바람에 품귀 현상이 일어나
책값은 몇 배나 뛰었습니다.

당시 가톨릭교회의 관점에 반하는
코페르니쿠스의 지동설을 지지한
내용 때문이기도 했지만,
더 문제가 되었던 것은 갈릴레오가
이전에 했던 약속을 어기고
교황을 농락했다는
괘씸죄였습니다.

17년 전에 너 맹세했잖아? 다시는 안 그런다고!
그래놓고 또 이러면, 네가 맹세했잖아 응?

그리고 너 균형 감각 있게 쓸 거라고 나 꼬드겼지?

그런데 대놓고 지동설 옹호해? 그럼 난 뭐가 되니?

1616년 갈릴레오는 지동설을 지지하는 관점의 발언을 하거나
강의하지 않겠다는 맹세를 한 적이 있었습니다.

지구가 돈다는 헛소리 또 할래? 안 할래?

헛소리가 아니라 우주 과학을 향한
위대한 상상력이 강력한 리비도의
승화처럼 분출되면서 언어 형식을 띠는
것이지만 그래도 하지 말라니까 안 할게유.

그러나 갈릴레오는 지동설을 멋지게
증명할 기회를 엿보고 있었고,
친분이 있었던 바르베리니 추기경이
우르바노 8세로 교황에 즉위하자
바로 이때다 하고 교황을
꼬드겼던 겁니다.
하지만 책이 나오자 갈릴레오가
교묘하게 천동설과 교회의 입장을
비웃고 있다는 걸 간파한 교황은
머리 꼭대기까지 화가
치밀었습니다.

사실 지구가 도는지 아닌지에 관한 논쟁은 어제오늘 일이 아니었습니다.
1543년 이미 코페르니쿠스가 지동설을 발표했고, 케플러는 심지어 지구와 행성들이
타원으로 돈다는 주장을 펼쳤지만 교황청은 유독 갈릴레오만 엄격하게 처벌했습니다.

갈릴레오는 1616년 교황청의 경고를
받기 전부터 가톨릭교회와 줄곧 대립하며
미움을 샀습니다. 하지만 교회가
특히 예의주시했던 까닭은 그가
제시한 지동설의 증거들이
예전에 비해 더욱 확실하고
실증적인 것들이었기
때문입니다.

그래유. 잘못했슈. 이제부터 자숙할게유.
이게 다 지가 워낙 제대로 잘해서 생긴 일이게유.
누굴 탓하겠슈? 다 지가 잘난 탓이쥬.

쟤 좀 빨리 가둬!

네덜란드 사람이 발명했다는 망원경 얘길 들었슈.

남들은 그걸 돈 주고 사겠지만, 지는
그 까짓 거 손수 만들어버리지 생각했지유.

그래서 8배율, 20배율, 30배율까지 만들었슈.

다 지가 잘나서 그런 거쥬.

갈릴레오가 수집한 증거들은
망원경을 통해 얻은 것들이었습니다.
이탈리아 파도바 대학의 수학 교수로
재직 중이던 1609년,
갈릴레오는 성능 좋은 망원경을
직접 제작했습니다.

워메! 잘~~~~~ 보인다아!!!!!

멀리 있는 것들을 가까이 당겨서 볼 수
있는 새로운 물건이 등장했을 때
사람들은 뭘 봤을까요?

달아, 달아, 밝은 달아~

저거 달 맞아?

갈릴레오는 렌즈의 방향을 별과 달이 있는
하늘로 돌렸습니다. 맨 먼저 달부터 관찰했습니다.
아리스토텔레스의 우주관에 따르면 달은
천상과 지상의 경계에 해당했고, 사람들은
달을 완벽하게 둥근 구의 형태로 상상했습니다.

그런데 갈릴레오가
망원경으로 본 달의 표면은
울퉁불퉁했습니다.

산도 있고 계곡, 분화구 같은 것도 있는 것 같아.

선생님, 무슨 얼토당토않은 말씀을...
달은 순결하고 흠 없는 천체입니다.

달이 4원소로 구성된 지상계의 지구 표면처럼 불완전하다는 사실이
딱히 지동설의 증거가 되지는 않지만, 아리스토텔레스−프톨레마이오스 우주관에
오류가 있다는 걸 눈으로 확인했다는 데 의미가 있습니다.

갈릴레오는
1609년 11월 30일부터
12월 18일까지 망원경으로
관찰한 달을 그림으로
남겼습니다.

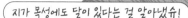

지가 목성에도 달이 있다는 걸 알아냈슈!

그것도 네 개씩이나 말이유.

아리스토 형님은 이제 큰일 났슈!

혼자 잘난 척하다가 머지않아 큰 일 당할게다.

목성도 관찰했습니다.
1610년 1월 목성 주위에서 발견한
별들의 동태를 관찰하고 기록을
남겼는데, 그것들은 천동설에서
말하는 천구에 속한 항성이 아닌
목성 주위를 돌고 있는 네 개의
위성이었습니다.

수성이나 금성 같은 행성들은 망원경으로 볼 때
크기가 좀 더 잘 보이는 반면,
붙박이별이라는 항성들은 별 차이가 없었슈.

그래서 뭐?

내친김에 그는 망원경 시야를
더 넓혀서 하늘에 있는 수많은
별을 관찰하고 육안으로
보았을 때와 비교해보았습니다.

게다가 맨눈에는 안 보이는 별들도 무수히 많아유.

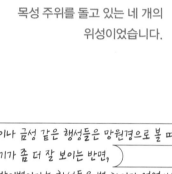

우주는 말이유, 생각보다 훨씬 더 크다니께유.
어쩌면 무한할지도 몰라유.

그 먼 별들이 뭔 재주로 하루에 한 바퀴씩 돌겠슈?
지구가 우주의 중심이 아닌 게 분명해유!

그래서 뭐어?

발언이 점점 위험해진다.

그가 내린 결론은 지구로부터 일정한
거리의 천구에 별들이 야광 스티커처럼
붙어 있고 천구가 원운동을 한다는
천동설이 완전히 틀렸다는 거였습니다.

망원경으로 본 것들이 죄다 아리스토텔레스, 프톨레마이오스가 틀렸고 코페르니쿠스가 옳았다는 걸 보여주는 증거다 그 말이유.

더 이상 못 참는다.

그 밖에도 금성 역시 달처럼 위상 변화가 있다는 것과 태양의 흑점도 관찰했습니다. 전통적인 우주관을 정면으로 반박한 갈릴레오는 교회의 미움을 사기 시작했습니다.

제목은 《시데레우스 눈치우스(별의 전령)》이어유. 별 세계에 관한 소식이 담겨 있슈.

그러나 1610년, 갈릴레오는 주저하지 않고 자신이 관찰하고 기록한 모든 증거를 담은 보고서를 발표했습니다.

결국 책을 내는구나.

이 책자는 엄청난 반향을 불러일으켰고
갈릴레오의 명성도 수직 상승했습니다.

물론 명성에 걸맞게 그를 향한 비난도 거셌습니다.

천동설이 와해되는 걸 더 이상 두고 볼 수
없다고 판단한 교회와 교황청은 그를
징계하기로 결정했고, 1616년 갈릴레오로
하여금 다시는 지동설을 지지하지 않겠다는
맹세를 받아낸 것입니다.

그런데 갈릴레오는 1632년 그 맹세를 깨고
또다시 책《두 우주 체계에 관한 대화》를 출간했고,
결국 1633년 가택 연금을 당했습니다.

갈릴레오가 마지막 순간까지 신념을 버리지 않고 "그래도 지구는 돈다."라고 중얼거렸다는
일화를 증명할 방법은 없지만, 그는 관찰을 통해 지동설을 유효하게 증명했고
근대 천문학으로 향하는 가교를 놓았습니다.

갈릴레오에게 죄를 씌우고 불명예를 안겨준 가톨릭교회는 그가 죽은 지 350년이 지난
1992년에 이르러서야 공식적으로 과오를 인정하고 갈릴레오에게 사죄했습니다.
하지만 세상은 이미 그전부터 갈릴레오가 옳았다는 걸 알고 있었습니다.

08

세상이 운동하는 법칙
갈릴레오 갈릴레이 2

갈릴레오는 행성과 별 들의 운행과
더불어 우리가 살고 있는
땅 위의 모든 물질에 적용할 수 있는
보편적인 운동 법칙을 찾고자 했습니다.
자유낙하와 관성에 관한
그의 창의적인 실험들은 근대 물리학의
토대가 되었습니다.

무게가 다른 물체를 동시에 떨어뜨리면
어느 것이 먼저 땅에 닿을까요?

상식적으로는 무거운 물체가
더 빨리 낙하할 거라 생각하기 쉽습니다.
과학책에서 힌트를 얻기 전까지는 말이지요.

갈릴레오가 피사의 사탑 꼭대기에서
공을 떨어뜨려보았다는 일화가 있긴 하지만,
그런 식으로 자유낙하를 하는 물체의 속도를
정확히 관찰하기는 어렵습니다.

갈릴레오는 그전까지 누구도
상상하지 못했던 자신만의 방법으로
자유낙하 실험을 했습니다.
경사진 빗면에 매끄러운 홈을 파고
그 위로 공을 굴리는 것이었죠.

경사를 가파르게 할수록 점점 더 수직에 가까워지기 때문에,
완만한 경사에서의 실험을 통해 자유낙하 속도와 거리를
추론하는 것이 타당하다는 것이었습니다.

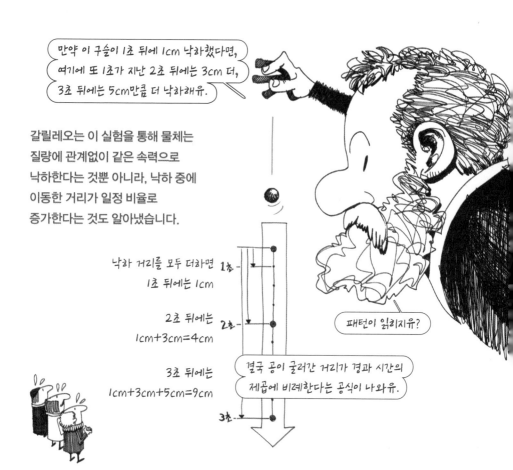

만약 이 구슬이 1초 뒤에 1cm 낙하했다면,
여기에 또 1초가 지난 2초 뒤에는 3cm 더,
3초 뒤에는 5cm만큼 더 낙하해유.

갈릴레오는 이 실험을 통해 물체는
질량에 관계없이 같은 속력으로
낙하한다는 것뿐 아니라, 낙하 중에
이동한 거리가 일정 비율로
증가한다는 것도 알아냈습니다.

낙하 거리를 모두 더하면
1초 뒤에는 1cm

1초

2초 뒤에는
1cm+3cm=4cm

2초

3초 뒤에는
1cm+3cm+5cm=9cm

3초

패턴이 읽히지유?

결국 공이 굴러간 거리가 경과 시간의
제곱에 비례한다는 공식이 나와유.

속도는 무게가 아닌 시간에
비례해서 증가하는 거예유!

천재다!!

사랑해!!

요즘이라면 진공상태에서
실험하면 되지만 갈릴레오는
스스로 고안한 독특한 실험으로
물체가 자유낙하를 할 때 발생하는
가속도의 중요한 개념을
알아낸 겁니다.

갈릴레오는 그런 식으로 1,000년도 넘게
상식으로 통했던 아리스토텔레스의
세계관을 하나씩 허물어갔습니다.

아리스토텔레스에 따르면 자연적 운동은 세 가지였습니다.

또 아리스토텔레스는 물체가 비자연적인 운동을
하는 동안에는 힘이 필요하고, 그 힘은
물체에 접촉한 상태여야 한다고 했습니다.

화살이 날아가는 건 공기의 힘이
계속 화살을 밀기 때문이야.

그럼 힘이 떨어지면 화살도
느닷없이 뚝 떨어집니까?

앗!

진공상태에서 운동은 없습니까?

진공? 그런 상태는 없다!

하지만 갈릴레오는 포탄이나 화살의 경우,
발사될 때 가해진 힘과 지구 중심을 향한
자연적 힘(중력)의 영향을 동시에
받는다는 사실을 알아차렸습니다.

더 나아가 모든 물체는 그 상태를 지속하려는 속성이 있다는 것,
바로 관성의 개념을 제안하기도 했습니다.

관성 개념을 도출한 갈릴레오의 실험도
참 독창적입니다. 그는 경사진 빗면을 마주보게 하고
공을 굴려보았습니다.

급기야 반대편의 경사를 없애고 평지로 만들면?

나중에 뉴턴이 우주 전체 운동에 적용한 관성과 중력은
갈릴레오가 보는 한 지구상의 모든 물체의 운동을
설명할 수 있는 개념이었습니다.

갈릴레오는 관성 개념으로 지구가
회전하며 운동한다는 코페르니쿠스의
지동설을 확증했습니다.

그래도 의문을 품은 사람들은 그에게
지구가 내달리는데 왜 지구에 사는 사람들은 그 운동을
못 느끼느냐는 매우 상식적인 질문을 하기도 했습니다.

갈릴레오는 운동의 상대성으로 답했습니다.

지구가 운동한다면 수직으로 던져 올린 공이
왜 지구가 이동한 거리만큼을 지난 지점에 떨어지지 않는가에 대한
질문에도 갈릴레오는 같은 방식으로 대답했습니다.

그리고 조수 현상도 관성과 운동의 상대성으로 설명했습니다.

그는 지구가 자전과 동시에
공전하기 때문에 공전과 자전 방향이
같을 때와 반대일 때 운동이
상대적으로 나타난다고 보았습니다.

원래 조수 현상이 나타나는 것은 지구와 달 간의 만유인력 때문이지만,

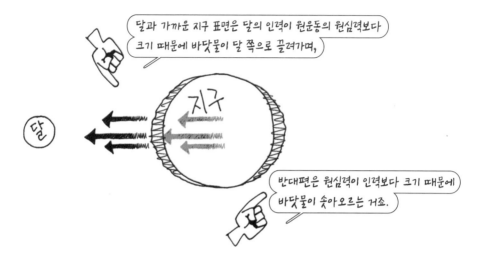

갈릴레오는 바닷물을 운동하고 있는 지구에 실은 화물처럼 생각했던 겁니다.

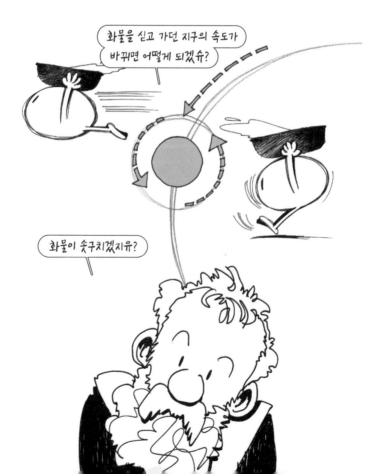

이런 연구 성과들을 1632년에 발간한 《두 우주 체계에 관한 대화》에 담았지만 가톨릭교회와 교황청은 책 내용이 유해하다며 금서로 지정했고 갈릴레오를 가택 연금 해버린 거죠.

그는 가택 연금 중에도 의지를 굽히지 않고 실험과 연구를 계속했고, 관성과 운동에 관한 실험 결과를 기록한 자신의 마지막 책 《새로운 두 과학》을 1638년에 발표했습니다.

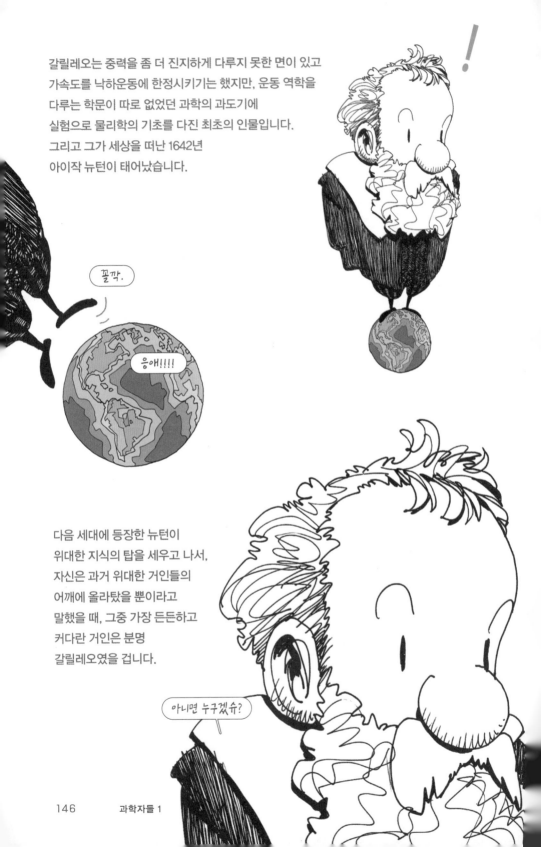

갈릴레오는 중력을 좀 더 진지하게 다루지 못한 면이 있고
가속도를 낙하운동에 한정시키기는 했지만, 운동 역학을
다루는 학문이 따로 없었던 과학의 과도기에
실험으로 물리학의 기초를 다진 최초의 인물입니다.
그리고 그가 세상을 떠난 1642년
아이작 뉴턴이 태어났습니다.

꼴깍.

응애!!!!

다음 세대에 등장한 뉴턴이
위대한 지식의 탑을 세우고 나서,
자신은 과거 위대한 거인들의
어깨에 올라탔을 뿐이라고
말했을 때, 그중 가장 든든하고
커다란 거인은 분명
갈릴레오였을 겁니다.

아니면 누구겠슈?

09

실험은 성공적이었다

프랜시스 베이컨

프랜시스 베이컨 Francis Bacon (1561~1626)

영국의 철학자이자 정치인이다. 근대 초반까지 이어지던 논리와 추론을 통한
과학의 문제점을 지적하고 실험과 관찰을 통한 귀납법을 새로운 연구 방법의
기초로 삼아야 한다고 주장했다.

코페르니쿠스, 케플러, 갈릴레오 같은
선구자들이 새로운 발견과 주장을 펼친 후에도
유럽의 학문은 여전히 아리스토텔레스 방식의
지식 체계에 의존하고 있었습니다.
그즈음 과학의 새로운 틀을 짜서
학문의 위대한 부흥을 꾀하겠다는
야심찬 기획을 들고나온 사람이
바로 프랜시스 베이컨이었습니다.

영국의 엘리자베스 1세와
제임스 1세 재위 시절,
법률가이자 정치가였던
프랜시스 베이컨은
과학사를 기술할 때에도
비중 있게 다루어지는 인물입니다.

하지만 그는 코페르니쿠스처럼 천체에
관한 새로운 지식을 발표한 적이 없으며,
케플러나 갈릴레오처럼 의미 있는
법칙을 발견한 적도 없습니다.

그럼에도 베이컨이라는 이름이 과학사에서
부각되는 이유는 지식의 세계를 향해 그가
제안했던 과학의 새로운 방법 때문입니다.

오늘날 우리가 어떤 이론이나
주장의 진위를 판별하고자 할 때,
가장 믿을 만한 근거로 삼는 것은
누가 뭐라 해도 과학적 지식이며,

보편적인 과학 지식을 지탱하는
필수 요소는 '실험'과 '관찰'입니다.

그런데 유럽 사회에서 실험과
관찰이 올바른 지식 확립을 위한
방법으로 인정받은 지는 불과
500년 정도에 지나지 않습니다.

물론 오래전부터 연금술이나
기계 장인의 영역에서
각종 실험들이 행해져왔지만
대학 같은 제도권 지식 사회에서는
공인받지 못했습니다.

르네상스와 근대 과학의 태동기까지 자연철학을 포함한 모든 지적 활동에서
존중되었던 방법은 오직 논리와 추론뿐이었습니다. 보편적인 원리나 상식으로
개별 지식들을 논증하는 방법이었던 거죠.

고대부터 자연철학자들은 논리에
근거해 주장을 펼쳤고 반대 의견을
논박했으며 논리에 입각한 연역 체계로
세계관을 구축했습니다. 경험에서
수집되는 사실을 주목하기보다
사물과 현상의 원인을 추론하는 것을
올바른 학문의 태도로 여겼죠.

자! 사람 사는 지구가 우주의 중심이지?

화성은 지구가 아니지?

그러니까 화성도 지구를 중심으로 도는 거야.

아따, 이렇게 착착 잘 들어맞는데,
지구가 중심이 아닐 거라고 누가 의심하겠어?

확실한 근본 하나만 찾아 세우면
만사 다 형통인 거야.

그럼!

아무렴!

내가 봤을 때, 아리스토텔레스가
젤로 거시기 혀!

아무렴!

Thomas
Aquinas

그런 전통은 중세에도 이어졌습니다.
위대한 신학의 교부 토마스 아퀴나스가
기독교 교리를 정립하는 기본 바탕으로
아리스토텔레스 세계관을 채택했기 때문입니다.

자연철학이 신학의
시녀로 봉사하는 동안
아리스토텔레스 체계는
모든 학문 분야를 지배하는
규율이었지만 베이컨은 그 점이
무척이나 못마땅했습니다.

만학의 아버지께 경례!

저건 인간 지성의 발전을
가로막는 걸림돌이야.

새로운 지식이 생겨나기 위해선
권위에 얽매이지 않아야 해.

그렇게 심한 막말을….

그는 과학 지식이 인간의 삶을 실질적으로
개선하기 위해서는 기존의 관습이나 편견을
학문의 영역에서 그대로 답습하는 우를 범하지 말아야
한다고 생각했고, 1620년에 쓴 저서 《신 오르가논》에서
지성의 발전을 저해하는 네 가지 요인을
'우상'이라는 이름으로 비판하며 경고했습니다.

지각과 이성의 한계로 인한
인간 본연의 편견

종족의 우상

사람들 사이 언어 소통의 문제로
인해 생기는 폐단

시장의 우상

동굴의 우상

극장의 우상

개인적 주관과 선입견

그릇된 학문의
권위와 논증의 오류

세상의 모든 것을 관찰하고 실험하면서 낱낱이 기록해야 한다.

베이컨은 자연철학이 우상의 폐단에 머물지 않기 위해서는 현실에서 일어나는 다양한 경험을 적극적으로 수집해야 한다고 보았고, 그 방법으로 실험과 관찰을 내세웠습니다.

뭐 하려고?

데이터베이스 구축이랄까?

물질의 특성을 분석하고 연관성을 찾아내려면, 마법사들이 쓴 실험 도구와 기술을 학자들도 써야 해.

학자더러 연장을 들라고?

이것은 그동안 마법사들과 기계 장인들이 행해오던 방법이었습니다.

베이컨은 길버트가 자석 실험을 하고 베살리우스가 인체를 해부하면서
새로운 과학적 성과들을 이끌어낸 것처럼, 실험과 관찰을 필수 과정으로
공식화할 것을 제안했습니다.

그것은 아리스토텔레스 체계를 근본에서부터 뒤집어
학문의 새로운 틀을 짜야 한다는 야심찬 기획이었습니다.
《신 오르가논》에서 기존 논리학의 근간인
연역법의 한계도 지적했습니다.

베이컨은 귀납법을 새로운 자연과학 연구 방법의 기초로 삼아야 한다고 주장했습니다.

실험과 관찰에서 얻는 정보를 종합해서
보편적인 지식에 도달한다는 오늘날 과학의
기초가 바로 그의 기획에서 비롯된 것입니다.

아울러 연구가 독단으로 치우치지 않기 위해
더 많은 사람이 협업하고 검증에 참여하는
과학 공동체 설립을 제안했습니다.

베이컨은 소설 《새로운 아틀란티스》에서
그런 이상을 밝혔습니다.
소설 속에서 과학자들이 함께 모여
실험하고 연구 활동을 보장받는 곳을
일컬어 '솔로몬의 집'이라 칭하고,
나라의 중심으로 삼은 것이죠.

전하, 이것은 과학의 위대한 부흥을
위한 획기적인 아이디어입니다.

솔로몬처럼 현명하시니까 제 말 알아들으실 겁니다.

못 알아듣고 무시하련다.

James I

그 꿈은 그의 생전에 이루어지지 못했지만
훗날 영국의 '왕립학회'를 설립한 과학자들은
베이컨의 정신을 계승한다는 데
모두 공감했습니다.

우리의 롤모델은?

베이컨 형님!

제일 맛있는 건?

베이컨!

정치가로서는 도덕적인 문제와 부패 혐의로 구설수에 오르기도 했지만,
과학의 역사는 새 시대가 요구한 학문의 부흥을 꾀했고
귀납적 연구 방법론을 최초로 설계한 인물로 베이컨의 이름을 기록하고 있습니다.

그는 어느 추운 날,
잡은 닭의 뱃속에 눈을 채워 넣는
실험을 하다가 오한이 퍼져
합병증으로 목숨을 잃었습니다.

숨을 거두기 전 베이컨은 마지막 메모를 남겼습니다.

10

자신감 회복 프로젝트
르네 데카르트

르네 데카르트 René Descartes (1596-1650)

프랑스의 철학자이자 물리학자이며 수학자이기도 하다. 다양한 이론의
모태가 될 학문의 첫째 원리를 찾고자 했다. '근대 철학의 아버지'라고
불리며, 해석기하학을 창시했다.

"나는 생각한다. 고로 나는 존재한다."
철학사에서 가장 유명한 이 한마디는
과학의 역사에서도 중요한 의미를 갖습니다.
이 말을 남긴 데카르트가
세계의 작동 원리를 이해하고 탐구하는 자연철학이
과학이라는 이름으로 근대사를 향해 나아갈 수 있는
발판을 마련해주었기 때문입니다.

요즘엔 모두가 철학과 과학은 별개의 분야라고 여깁니다. 하지만 예전에는 과학과 철학의 구분이 없었습니다. 과학은 별도의 학문이 아닌 자연철학의 형태로, 철학이라는 포괄적인 지식 체계 안에 포함되어 있었습니다.

의학이나 천문학 등 특정 분야에
주로 매달린 학자들도 있었지만
어디까지나 자연철학이라는
범위 안에서 이루어진
연구였습니다.

문학이나 예술과는 담쌓은 채 변광성을 바라보며
연주시차나 계산하는 우리의 정체가 뭘까?

19세기에 누군가가 scientist라고
불러주기 전까지 철학자들한테 묻어 살자고.

17세기 철학자 르네 데카르트가 남긴
"나는 생각한다. 고로 나는 존재한다."라는
말은 과학적으로도 중요한 의미입니다.
인간은 이성을 통해 능히 자연의 이치를
깨우칠 수 있는 존재라는 뜻이죠.

철학적으로는 무슨 뜻인데?

간단히 말하자면, 주체의 자격을 획득한
인간의 사유가 신으로부터 독립된
이성적 존재를 확증한다는 거죠.

뭐라고?

나아가 연장적 실체인 모든 것이 이성의
분석 대상으로 놓인다는 의미로 확장됩니다.

COGITO ERGO SUM

일부러 어렵게 말하는 거지?

결국 인간은 세계를 분석하고 판단하는 학문, 즉
과학이란 걸 할 만한 자격을 갖췄다는 겁니다.

당시 자연철학에는 무엇보다 자신감이 필요했습니다. 왜일까요?
지식 사회에 몰아닥친 회의주의 때문이었습니다.

지성에 대해 비관적인
회의주의는 왜 생겨났을까요?
돌아봅시다. 과학의 역사로 볼 때
그 무렵이 어떤 시기였죠?

코페르니쿠스, 케플러, 갈릴레오 등.

과학 혁명가들의 시대였지.

격동의 세월이었군!

새로운 발견과 다양하게
경험한 지식이 줄지어 발표되었고
그로 인한 논쟁이 끊이질 않았습니다.

지구는 돈다!

너 혼자 돌아라!

나도 같이 돌 거다!

그러다 후회한다!

다수결로 정하자!

학문이 정치 놀음이냐?

사람 사는 거 다 똑같다!

나는 너처럼 안 살 거다!

여러 주장이 난무했지만
어느 것 하나 명백한 증거로
모두를 설득하기에는
역부족이었습니다.

지구가 우주의 중심이란 건 종교적 미신일 뿐입니다!
다른 행성들처럼 지구도 돕니다.

무슨 힘으로 돌아?

관성과 중력이랄까요? 아니면 자기력일 수도 있고요.

그런 힘은 왜 생기는데?

그건 말입니다. 어떤 신비로운 힘입니다.

미신을 믿지 말라며?

글쎄 말입니다.

그 와중에 기존의 지식을 고수하려는 쪽이나 신지식을 옹호하는 쪽이나 공통으로 느낀 것은
2,000년 이상 믿어온 세계관이 허물어지는 것에 대한 상실감이었을 겁니다.
그리고 인간의 지적 능력에 대한 근본적인 의구심이 생겼습니다.

지구가 안 돈다고 우기고는 있지만
언제까지 버틸 수 있을까?

그렇게 오랜 세월 우린 대체 뭘 믿어온 거냐?

아버지의 아버지의 아버지들 말만 믿었지.

지구가 도는 것 같기는 한데 대체
뭔 힘으로 도는지 알 수 있을까?

확실한 진리를 우리가 알 수 있기나 한 걸까?

아들의 아들의 아들들은 더 명석하겠지.

너는 확실히 아는 거 있냐?

맞나?

내가 암껏도 확실히 모른다는 거 하나는 확실히 안당게.

맞는지 확실하진 않당게.

널리 퍼져가는 회의주의를 극복하기 위해서는 뭐 하나라도 확실하고 명증한 참된 지식이 필요했습니다.

개별 경험의 파편들로는 보편 원리를 세우기에 한계가 있는 법이여.

그게 무슨 말이니?

안창살은 맛나다, 채끝살은 맛나다 같은 것들 암만 모아봤자 소고기가 맛나다는 일반 지식이 될 수 없단 말이여.

이 거시기는 맛없네? 하는 거 하나라도 나오면 와르르 무너지니께.

그게 지금 말이니?

물론 베이컨처럼 다양하게 실험하고 관찰하는 경험들을 쌓아 참된 지식에 도달하자고 제안한 이들도 있었습니다. 하지만 데카르트가 진리를 세우기 위해 채택한 방법은 달랐습니다.

소라니께.

168   과학자들 1

베이컨을 비롯한 실험주의자들이 사물과 운동의 원인 같은 근원 지식을
배제했던 것과 달리, 데카르트는 다양한 이론의 모태가 될
학문의 첫째 원리를 찾고자 했습니다.

학자들이 폼 좀 잡으려면 말이여.
근본이 바로 서야 되는겨.

근본 원리 상상하느라 시간 낭비하지 말고
귀납적으로 눈에 보이는 정보들을 추리자고.

뭣 좀 아네.

그렇다고 데카르트가 아리스토텔레스의
세계관을 옹호했던 건 결코 아닙니다.
그는 분명 코페르니쿠스주의자였고
신학이 지배하는 학문의 질서를
깨트리고자 한 신지식인이었습니다.

이것은 단지 지성을 수호하기 위한
거시기일 뿐, 이 거시기로다
근대 학문을 건설할 것이여.

잘 해봐.

데카르트는 일단 모든 걸 의심했습니다. 학교에서 배운 것도, 책에 씌어 있는 지식도, 경험에서 얻는 모든 개별 지식도, 심지어 누구나 인정한 수학의 공리도 의심했습니다.

권위에 기대지 말아요.

감각은 사람마다 다르고 변덕이 심해요. 믿지 말아요.

대체 왜 그러니?

수학적 추론도 믿지 말아요.

$1+2=3$

이렇게 미덥지 못한 걸 다 지워가다 보면 믿을 만한 것만 남겠죠.

그는 참된 지식을 얻기 위한 자신의 의심을 '방법적 회의'라 했고, 그렇게 의심에 의심을 거듭한 끝에 한 가지 분명한 걸 찾아냈습니다. 이성의 올바른 사용이 가능하다는 결론에 따라 데카르트는 인간 이성이 세상을 탐구하는 주인공이 될 수 있다는 자신감을 얻었고, 그걸 철학의 제1원리로 정했습니다.

아무리 모든 걸 의심해도 내가 생각하고 있다는 사실 하나는 분명하잖아?

또 그 생각의 주체가 바로 나라는 사실도 분명하잖아?

누가 뭐래?

멀쩡한 정신으로 제대로 판단할 수 있다는 거지!

그리고 그 바탕 위에 엄격한 체계와
방법을 다시 세워나갔습니다.

나는 생각한다. 고로 나는 존재한다!

이제 여기서부터 새 출발 하는 거다.

자! 새로 만든 지식 사용법이유.

첫째,
철저히 의심한 끝에 도달한 명증한 사실만을
연구 대상으로 삼는다.

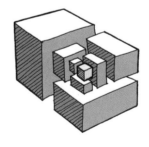

둘째,
발견한 사실 정보를 최대한
여러 조각으로 나눈다.

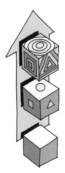

셋째,
순서를 정하고 가장 단순한 것에서부터
복잡한 지식을 향해 올라간다.

만물이 연장적 실체라는 사실에 근거해
데카르트는 물질과 운동에 관한
연구를 했습니다. 이러한
연구 결과는 이후 뉴턴이 관성의
법칙을 세우는 데 단초를 제공했죠.

외부의 영향이 없다면
사물은 움직이거나
정지해 있거나
그 상태를 지속한다.

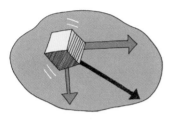

어떤 물체가 다른 물체와
충돌할 때 반드시 한 물체가
운동을 잃은 만큼 다른
물체에 운동이 더해진다.

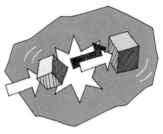

모든 사물은 직선 방향으로 운동한다.

데카르트는 태양계의 행성들도 원래는 관성에 따라
직선운동을 한다고 생각했습니다.

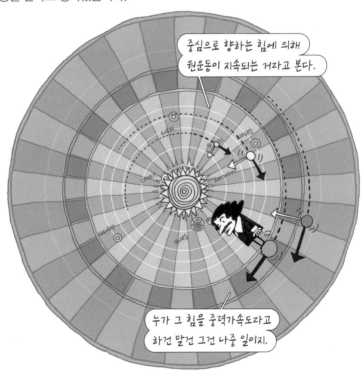

중심으로 향하는 힘에 의해
원운동이 지속되는 거라고 본다.

누가 그 힘을 중력가속도라고
하건 말건 그건 나중 일이지.

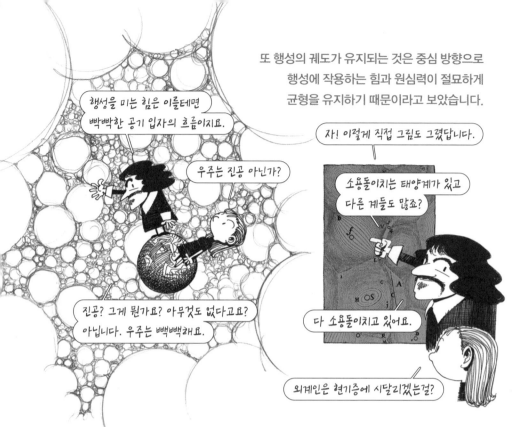

또 행성의 궤도가 유지되는 것은 중심 방향으로 행성에 작용하는 힘과 원심력이 절묘하게 균형을 유지하기 때문이라고 보았습니다.

행성을 미는 힘은 이를테면 빡빡한 공기 입자의 흐름이지요.

우주는 진공 아닌가?

진공? 그게 뭔가요? 아무것도 없다고요? 아닙니다. 우주는 빽빽빽해요.

자! 이렇게 직접 그림도 그렸답니다.

소용돌이치는 태양계가 있고 다른 계들도 많죠?

다 소용돌이치고 있어요.

외계인은 현기증에 시달리겠는걸?

인간의 사유가 아닌 모든 외부 세계는 연장적이라는 전제에 따라 진공을 부정했기 때문에, 데카르트가 생각한 태양계와 천체의 형태는 소용돌이라는 개념이었습니다. 소용돌이 천체로 설명하는 운동은 매우 독특했습니다. 원심력에 의해 바깥으로 향하는 흐름이 경계에서 충돌하면 중심으로 향하는 흐름이 또 생긴다는 거였습니다.

여기서 말이유. 서로 충돌한 입자들이 다시 되돌아가는 거지유.

그게 중력이라고?

뭐라고 꼭 불러야 되나유? 왔던 길 돌아가면 그만이지유.

관성 이론의 기초를 다지고
물질과 운동에 관한 나름의
체계를 만든 데카르트는
수학 분야에서도 업적을
남겼습니다.

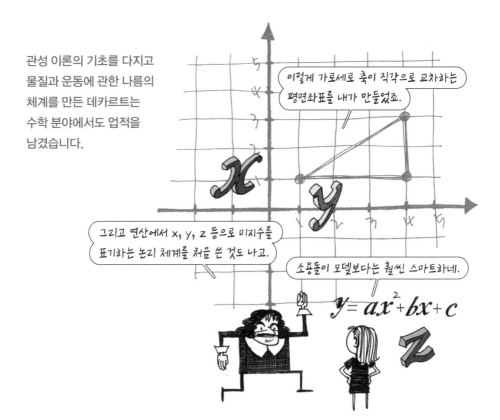

이렇게 가로세로 축이 직각으로 교차하는
평면좌표를 내가 만들었죠.

그리고 연산에서 x, y, z 등으로 미지수를
표기하는 논리 체계를 처음 쓴 것도 나고.

소용돌이 모델보다는 훨씬 스마트하네.

$$y = ax^2 + bx + c$$

사람의 영혼을 제외한 나머지는
죄다 기계라고요.

모든 물질을 정량적으로
해석한 그는 동식물과 사람의
신체도 정교한 기계라고
이해했고 그런 기계론은
생물학에도 영향을 끼쳤습니다.

이분법적이네?

제가 원래 모 아니면 도라서.

데카르트의 기계론은 인간이 적극적으로 자연을
개척하고 활용하는 방법을 제시했을 뿐 아니라
이성에 의한 합리적인 사고를 내세우는
근대 정신의 바탕이 되었습니다.

이 모든 게 내가 생각하는 존재이기 때문입니다.

비록 진공이나 힘의 원리 등에 관한 철저한 실험과 검증이 없었고 이성의 역할을 지나치게
앞세우는 독단론으로 나아간 면이 있기는 합니다. 하지만 명증한 진리 체계를 만들고자 했던
데카르트의 생각과 방법론은 자연철학의 자신감을 회복시켜 근대 과학을 성립하는 데
초석이 되었습니다.

데카르트 선생, 우릴 너무 괄시하네.
우리도 자존심 있다고요.

그건 착각이죠. 자존심 같은 것은
사람에게만 있으니까.

그럼 우리가 왜 선생한테
항의하고 있는 거요?

그건 만화라서 그런 거고.

굿모닝! 데카르트.

11

재주 많은 월급쟁이 과학자
로버트 훅

로버트 훅 Robert Hooke (1635~1703)

영국의 화학자이자 물리학자이며 천문학자이다. 현미경의 조명 장치를 고안해서 더 자세한 관찰을 가능하게 했고, 빛의 간섭과 분산을 설명하여 파동설을 발달시켰다. '세포(cell)'라는 용어를 처음으로 사용했다.

공기의 탄성 연구, 현미경으로 세포벽 관찰,
목성의 대적점 발견, 빛의 파동설 제안,
중력의 역제곱 법칙 제안, 탄성체에 관한 법칙 발견,
화석 연구, 왕립학회 회장 역임….
이 모든 것이 로버트 훅 한 사람의 경력입니다.

로버트 훅은 영국의
레오나르도 다빈치라고
불릴 정도로 다재다능했습니다.

로버트는 정말 할 줄 아는 게 너무 많았지.

한 가지 흠이라면, 할 줄 아는 게
너무 많았다는 거랄까?

아이디어도 출중하고 다양한 실험에도 능했기에
당대의 많은 과학자가 논문을 쓰고
학위를 얻는 데 도움을 주었지만,
정작 그가 가진 창의력과 열정은
항상 생계와 직결되어 있었습니다.

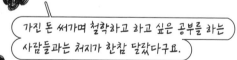

가진 돈 써가며 철학하고 하고 싶은 공부를 하는
사람들과는 처지가 한참 달랐다구요.

훅이 로버트 보일의 연구소 조수일 때도, 왕립학회의 실험 책임자를 맡을 때도,
그레셤 대학의 교수가 될 때도 가장 중요한 것은 고정적인 수입이었습니다.

그런 사정은 어린 시절부터 시작되었습니다. 훅은 넉넉지 못한 가정에서 태어나 자랐고
몸도 허약해서 장래에 관한 원대한 꿈 같은 걸 가질 형편이 아니었습니다.

하지만 남다른 창의력과 비범한 손재주는
타고났나 봅니다. 오래된 시계를
분해하고 작동 원리를 유심히 관찰한 다음
나무로 작동하는 시계를 만들 정도였으니까요.

야! 솜씨 좋네. 너 밥 굶을 걱정은 안 하겠다.

들어본 칭찬 중에 최고로 반가운 소리네요!

그림도 잘 그리네? 대체 못하는 게 뭐니?

못하는 게 뭔지 찾아보려고
이것저것 해보는 중이죠.

한때는 그림 그리는 사람이 될 결심도 했죠.
화가들의 그림을 곧잘 베껴 그릴 수 있었기에
막연히 그림을 그려 먹고살 수 있을 거라
생각했나 봅니다.

안 배워도 잘 그리는데 뭐하러 돈을 써요?

학교 공부에 돈 쓰는 건 괜찮고?

예술에 투자하는 것보다는 리스크가 적지요.

그래서 열세 살 무렵 아버지한테
유산으로 물려받은 50파운드를 들고
화가 밑에서 도제 생활을 하려고 했지만
이내 생각을 바꿔 웨스트민스터 공립학교에
진학했습니다.

열여덟 살에는 옥스퍼드 대학에 합창단 장학생으로
들어갔지만 학업과 돈 버는 일을 병행했습니다.
의사 연구실 조수를 하고 있던 중, 그의 인생에서
가장 의미 있는 한 사람으로부터 일자리
제안을 받았습니다.

사람 좋고 돈도 많은 로버트 보일이었습니다.
보일은 귀족 출신이며 과학계에 알려진
명망가였지만, 훅을 단순 조수나 피고용인으로
여기지 않고 동료 과학자로 대하며
그의 학식과 능력을 존중했습니다.

훅은 실험 기구 제작에 능하고
이론을 검증하는 능력도 뛰어나서
옥스퍼드 대학뿐 아니라 보일의
연구소에서도 많은 과학자가
그의 조언을 듣고자
찾아왔습니다.

훅 씨한테 조언 받으러 왔는데요?

우리 함께 인류 문명을 업그레이드할
보람찬 모임을 만들어보세.

대기 번호표 받고 기다리세요.

월급은 주시고.

훅, 내 논문에 나오는 거 실험 좀 해봤나?

해봤지.

어땠나?

글쎄다.

훅은 보일이 주도해서 설립한 왕립학회에서도
실질적으로 중요한 역할을 했습니다.
1662년에는 왕립학회의 초대 실험 책임자가
되었고, 학회 내외에서 보고되는 모든 새로운
발견과 이론은 훅의 검증을 거쳤습니다.

훅은 다른 이들의 연구를 돕는 와중에
망원경으로 목성 표면의 대적점을 관찰해
목성이 회전하는 증거를 제시하는 등
자신의 독자적인 연구도 진행했죠.
조금 지난 시기에 프랑스의 천문학자
조반니 도메니코 카시니도
목성의 대적점을 관찰했습니다.

어마어마하게 큰 소용돌이 태풍 같은 거요.

그거 내가 발견한 건데?

글쎄.

Giovanni
Domenico
Cassini

교수님 이제 책도 쓰셔야죠?

책 쓰면 돈이 생기나?

팔리면 돈 벌죠.

진작 말하지….

1665년은 훅에게 뜻깊은 해였습니다.
그해에 그레셤 대학의 교수가 되었고
왕립학회의 종신 관리직으로 임명되기도 했습니다.
하지만 무엇보다 의미 있는 일은 자신의 이름을
널리 알리게 된 책 한 권을 발간한 것입니다.

훅 하면 생각나는 건?

현미경!

세포!

라이트 훅? 레프트 훅?

《마이크로그라피아》는 제목 그대로
미시 세계의 모습을 보여준 책입니다.
우리가 익히 알고 있는 코르크 세포
관찰 내용이 수록된 바로 그 책입니다.

현미경을 처음 발명한 사람은 훅이 아니었지만 그는 당시의 어떤 현미경보다 성능이 뛰어난 복합현미경을 제작했습니다.

그 좋은 현미경으로 벼룩, 나방, 잎, 씨앗 같은 동식물에서 면도날, 눈 결정 등 무생물에 이르기까지 수많은 것을 관찰했을 뿐 아니라 그림 실력도 발휘했습니다.

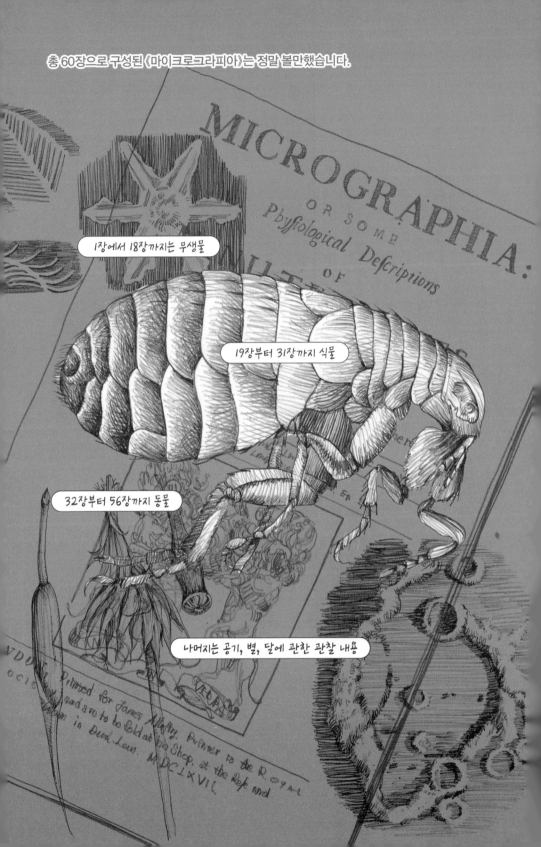

총 60장으로 구성된 《마이크로그라피아》는 정말 볼만했습니다.

MICROGRAPHIA:

OR SOME
Physiological Descriptions

1장에서 18장까지는 무생물

19장부터 31장까지 식물

32장부터 56장까지 동물

나머지는 공기, 별, 달에 관한 관찰 내용

그중 나무껍질인 코르크에서 훅이
관찰한 것은 벌집처럼 다닥다닥 붙어 있는
작은 방들의 군집 형태였습니다.
그는 과감하게 자신이 발견한 것에
'세포(cell)'라는 이름을 붙였습니다.

《마이크로그라피아》는 자연철학자뿐 아니라
일반 대중 사이에서도 큰 파장을 일으켰습니다.

현미경으로 관찰한 세계를 발표한 《마이크로그라피아》의
눈에 띄는 성공 말고도 훅이 이룩한 성과는 많습니다.
이른바 '훅의 법칙'도 그중 하나입니다.

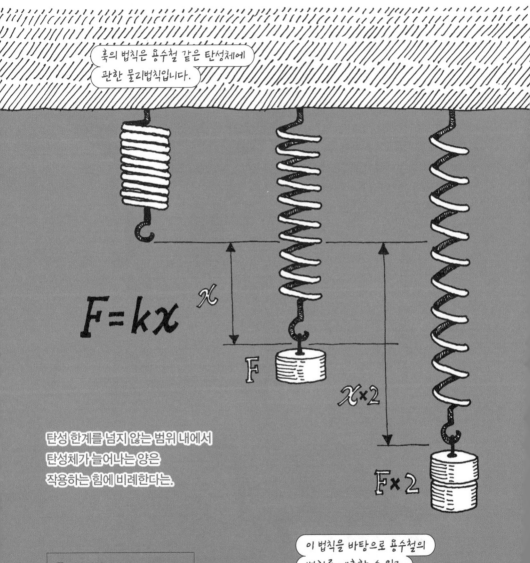

훅의 법칙은 용수철 같은 탄성체에
관한 물리법칙입니다.

$$F=kx$$

x

F

$x \times 2$

$F \times 2$

탄성 한계를 넘지 않는 범위 내에서
탄성체가 늘어나는 양은
작용하는 힘에 비례한다.

이 법칙을 바탕으로 용수철의
변화를 예측할 수 있죠.

F : 탄성력
k : 용수철 상수(탄성 계수)
x : 용수철의 길이 변화량

그밖에도 훅은 지질학 분야에서
화석에 관해 오늘날의 견해에
매우 근접한 의견을 제시했고,

빛의 성질이나 열에 관한 연구도 했으며,
런던 대지진 후 재건 작업에 책임을 맡아
건축가로서 훌륭한 면모를 보여주기도 했습니다.

그리고 그는 1679년에 뉴턴에게 보낸 편지에서
행성의 궤도에 대해 설명하며, 태양과 행성 간의
인력은 거리의 제곱에 반비례하고,
궤도운동이 나타날 수 있다고 했습니다.
그러나 1684년까지 뉴턴은 훅이 쓴 내용을
주목하지 않았습니다. 그러다 에드먼드 핼리가
훅의 가설에 대한 의견을 구하려고 했을 때
비로소 뉴턴이 수학으로 증명했습니다.

물론 과학의 역사는
훅의 발상이 아닌
뉴턴의 법칙으로 공인했죠.

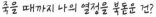

훅은 왕립학회가 명실상부한 과학자들의
연구 기관이 되도록 평생 동안 헌신했습니다.
1703년 그가 죽었을 때 자택에는 8,000파운드라는
적지 않은 돈이 남아 있었습니다.

12

보이는 것이 다가 아니다

안톤 판 레이우엔훅

안톤 판 레이우엔훅 Anton van Leeuwenhoek (1632-1723)

네덜란드의 현미경학자이자 박물학자이다. 고배율 현미경을 직접 만들어
육안으로 볼 수 없는 미생물의 존재를 밝혔다.

단세포생물, 세균, 효모, 사람의 정자 등을
처음으로 관찰한 사람은 대학 연구실이나
왕립학회의 과학자가 아니었습니다.
17세기에 가장 성능 좋은 고배율 현미경을 들고
미시 세계의 깊은 곳까지 발을 들여놓은 사람은
네덜란드의 한 포목점 주인이었습니다.

현미경을 만들어 사용하기 시작한 때에도
사람들은 미시 세계에서 본 것보다
보지 못한 것들이 훨씬 더 많았습니다.

로버트 훅이 코르크의
죽은 식물세포를 발견하고
'셀'이라는 이름도 붙였지만
그가 본 것은 빙산의 일각에
불과했습니다.

미시 세계의 수많은 생명체는 여전히 인간의 눈길이 닿지 않는
은밀한 곳에 비밀을 간직하고 있었습니다.

그때까지 복합현미경의 배율에도 한계가
있었고 미생물들이 발견될 만한 곳은 당시
과학자들의 시선을 벗어나 있었습니다.

미생물들의 은신처를 가리고 있던 베일이
걷힌 것은 저명한 과학자의 체계적인 연구가
아닌 엉뚱한 이의 호기심 때문이었습니다.

안톤 판 레이우엔훅은
네덜란드의 델프트에서 영세한
상인의 아들로 태어났습니다.
집안 형편이나 주변 환경으로
볼 때 그에게 학문이나 과학 연구
따위는 사치였습니다.

아버지, 만에 하나라도 제가
대학 갈 일은 없겠죠?

대학? 그게 뭐 하는 덴데?

돈 내고 모여서 머리 굴리고
용쓰는 데라 하던데요?

모지리들.

일찌감치 기술과 장사를 익혀 젊은 나이에 포목점을 차린
레이우엔훅은 사업이 잘되어 돈도 좀 벌었습니다.

대학 안 가길 잘했지?

그래도 돈보다 명예라던데?

누가?

대학생들이.

모지리들.

여유가 생기면 으레 그렇듯 좀 살 만해지자 취미를 갖기 시작했는데,
그가 선택한 취미는 남달랐습니다.

코르크에서 세포벽을 관찰한
훅의 베스트셀러
《마이크로그라피아》에 감명을
받기도 한 때문인지 레이우엔훅은
현미경 관찰을 즐겼습니다.
과학을 취미로 삼은 셈이죠.

레이우엔훅의 현미경 관찰은 의무감 없는
취미였기에 과학자들의 그것과 달랐습니다.
무엇보다 렌즈 앞에 놓는 대상부터 달랐습니다.

과학자라면 미지의 생명체를 발견하기 위해 곤충이나 동식물 등 생명체나
적어도 그런 것들이 있을 법한 장소에 주목했을 테지만

남들 다 보는 걸 보면 취미가 아니지.

그럼 뭘?

레이우엔훅은 도무지 아무것도 없을 것 같은
빗방울이나 연못의 물, 더러운 똥 같은 것에
호기심을 갖고 현미경을 들이댔습니다.

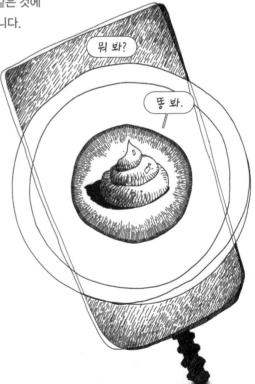

뭐 봐?

똥 봐.

그랬더니 눈앞에 별천지가 펼쳐졌습니다.

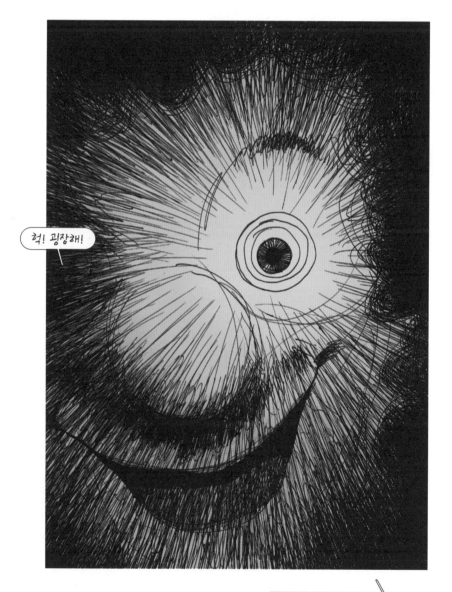

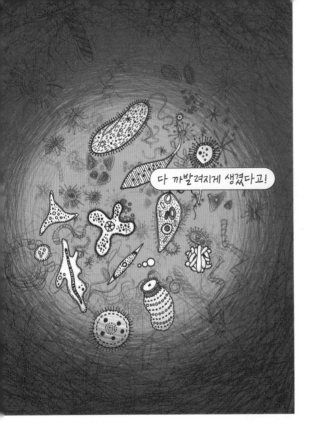

꿈틀거리는 수많은 것,
그때까지 어느 과학자에게도
모습을 드러내지 않았던
미생물의 세계가 아마추어의
렌즈 앞에 속절없이 모습을
들키고 말았던 겁니다.

1674년 최초로 **원생생물***인
녹조류와 해캄을 보고 효모, 세균
등을 줄줄이 발견했습니다.

* **원생생물**
단세포생물을 통틀어 이르는 말. 하나의
진정 핵과 염색체, 단세포 생식 구조가
있다.

레이우엔훅이 미생물을 잘 볼 수 있었던
또 다른 이유는 특별한 현미경 덕이었습니다.
그는 당시에 과학자들이 주로 쓴
복합현미경이 아닌 단일렌즈로
된 걸 사용했습니다.

왕성한 호기심은 급기야 사람의 정액에까지 렌즈를 들이대게 만들었습니다.
눈에 들어온 것은 작은 머리에 꼬리가 달린 수천 마리의 정자가 헤엄치는 광경이었습니다.

레이우엔훅이 발견한 취미의 결과물은 결코 범상치 않은 과학적 성과였지만
그는 논문이나 책을 발표하지 않았고 단지 왕립학회에 편지만을 보냈습니다.
왕립학회의 근엄한 자연철학자들은 네덜란드 장사꾼의 편지를 무시했습니다.

하지만 그의 관찰에 담긴 과학사적
의미를 알아차린 사람은 역시나
《마이크로그라피아》의 저자이자
왕립학회에서 발군의 실력파였던
훅이었습니다.

훅은 레이우엔훅의 발견을 실험과 재관찰을 통해 사실로 증명했고
그 덕에 레이우엔훅은 최초의 미생물 발견자로 과학사에 이름을 남길 수 있었습니다.

1680년 레이우엔훅은
드디어 왕립학회 회원 자격을 얻었습니다.

잘난 맛에 사는 사람들이 모여
서로 잘났다고 우기는 모임에 오신 걸

환영합니다!

이후로도 렌즈를 만들고 들여다보는 그의 취미는
평생 계속되었지만 자신이 사용했던 고배율 현미경의
제작 기술과 사용법은 끝내 공개하지 않았습니다.

그의 연구는 매우 작은 것이지만
그 영광은 결코 작지 않다.

13

광학의 아버지
이븐 알하이삼

이븐 알하이삼 Ibn Al-Haytham (965?~1040?)

아라비아의 수학자이자 물리학자이며 천문학자이다. 눈에서 광선이 나와
물체를 지각한다는 방출 이론의 오류를 밝히고, 물체에서 방출된 빛을 통해
대상을 볼 수 있다는 광학 이론을 설명했다.

직진하는 빛이 물체에 반사되어
인간의 망막에 상이 맺히는 것이
시각의 원리임을 처음으로 밝혀냄으로써
'광학의 아버지'라 불린 사람.
그는 이슬람 문화권의 자연철학자이자
물리학자이자 수학자, 그리고
공무원이면서 감옥에 갇힌 신세였던
이븐 알하이삼이었습니다.

고대 자연철학자들은
빛의 속성과 망막의 기능을
이해하지 못했습니다.
그래서 아리스토텔레스는
우리가 무언가를 볼 수 있는 것은
사물의 형상이 사람의 눈 속으로
들어가기 때문이라
모호하게 설명했고,

유클리드와
프톨레마이오스는
좀 더 희한한
주장을 했습니다.

로마의 시인이자 철학자였던
루크레티우스가 빛은 물체에서
방출되는 입자라고 주장한 것 외엔
유럽의 과학 사회에서는
이렇다 할 만한 광학 이론이
나오지 않았습니다.

내가 또 로마 시대의 대표적인
에피쿠로스주의자였으니까.

그래서?

그러니까 입자설을 주장한 거 아니겠어?

에피쿠로스랑 입자설이 관련 있나?

Lucretius Carus

에피쿠로스 형님이
데모크리스 형님을 흠모했잖아.

광학뿐 아니라 르네상스가 도래할 때까지
거의 모든 학문이 깊은 잠에 빠져 있는 동안
자연철학 연구의 주역을 맡았던 이들은
이슬람 문화권 학자들이었다는 건
잘 알려진 사실입니다.

고대 문헌을 복원해 번역하고,
연금술에 대수학까지 우리가 한몫했지.

왜 그랬어?

승자의 여유라고나 할까?

대수학의 알콰리즈미, 서양 의학에도 영향을 끼친 이븐 시나, 아리스토텔레스의 주석가
이븐 바자와 이븐 루슈드 등 걸출한 이슬람 학자들은 고대 학문과 근대를
잇는 가교 역할을 했습니다.

결국 코페르니쿠스나 케플러,
뉴턴 좋으라고 연구한 셈이지?

고맙네. 형님들.

그래도 우리 덕 봤다고 대놓고 얘기하진 않고
마음속에만 담아둘 거지?

잘 아시네.

965년경 지금의 이라크 바스라에서 태어난
알하이삼도 그런 이들 중 한 명이었습니다.
알하이삼이 광학 연구에 몰두하게 된
계기는 특이합니다.
그는 원래 공무원이었는데
재능도 있고 야망도 컸죠.

원래 이름은
아부 알리 알하산 이븐 알하산 이븐 알하이삼.

자네가 이러고 있을 위인이 아닌데 말이여.

딱 봐도 그렇지?

뭔가 원대하고 겁나게 폼 나고
크게 출세할 만한 일을 하고프지?

족집게네! 그러려면 뭘 해야 돼?

물가에 가봐!

그 당시 중동과 아라비아, 북아프리카,
에스파냐 지역까지 지배한
이슬람 세계의 통치자에게
골칫거리가 있었는데, 그것은 바로
나일강의 잦은 범람이었습니다.

알하이삼은 그걸 기회로 삼으려 했고,
자신이 나일강에 댐을
건설할 수 있다고 호언장담했죠.

칼리프는 카이로에서
직접 환영 행사를 열어줄 정도로
알하이삼을 곧이 믿고 환대했습니다.

그런데 막상 나일강을 직접 본 알하이삼은
입이 떡 벌어지고 기가 막혔습니다.

하지만 이미 엎질러진 물. 그래서 그는 목숨을 지키기 위해 꾀를 냈습니다.

가택 연금은 갑갑하고 불편했지만
이점도 있었죠.
더 이상 공무원이 아니었기에
뭘 시키는 사람도 없었고
덕분에 평소 궁금했던 것들을
연구하며 지낼 수 있었습니다.

그 무렵 관심 대상이 빛과
사람의 시각에 관한 것이었습니다.
그는 고대 자연철학자들의
주장과 생각이 달랐습니다.

알하이삼은 먼저 태양으로부터 직진한 빛이 사물에 반사되어 온 사방으로 분산된다고 보았습니다. 반사된 빛이 사람의 눈 속으로 들어가 어떻게 시각 작용을 일으키는지 증명하기 위해 황소의 눈으로 실험했습니다.

그는 동공을 통해 들어온 빛이 맞은편의 부드럽고 민감한 표면에 상이 맺히기까지의 과정을 그림으로 설명했습니다.

증명을 위해 사용한 도구는
'카메라 옵스큐라'라는 장치였습니다.
바깥 풍경이나 물체에 반사된 빛이
작은 구멍을 지나 상자 내부 맞은편에
거꾸로 된 상으로 맺히게 하는 것이었죠.

옛날에는 이 장치를 이용해 풍경화를
그리는 화가들도 있었어요.

과학 시간에 쓰는 바늘구멍 사진기랑 같은 원리네.

알하이삼은 램프를 몇 개 세워두고
카메라 옵스큐라와의 사이에서 빛이
지나가는 경로를 차단해보았더니
예상대로 상자 내부에 가린 램프의
상이 맺히지 않았습니다.

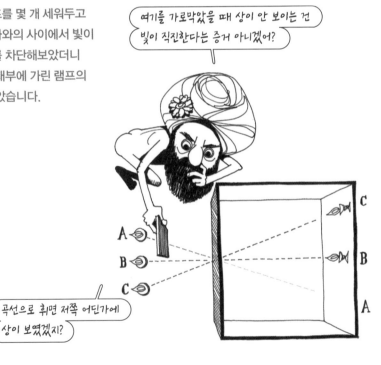

여기를 가로막았을 때 상이 안 보이는 건
빛이 직진한다는 증거 아니겠어?

곡선으로 휘면 저쪽 어딘가에
상이 보였겠지?

알하이삼은 실험과 연구를 정리해서 총 7권으로 구성된 두루마리 형태의 책인
《광학의 서》를 썼습니다. 그 책은 1270년 라틴어로 번역되었고
1572년 바젤에서 프리드리히 리스너가 출판했습니다.

미친 척한 상태에서 썼어도 책은 멀쩡하당께.

….

광학 연구에 관한 기념비적인 책인 《광학의 서》는
이후 약 650년이 지날 때까지 해당 분야에서
가장 정통한 문헌으로서 위상을 지켰습니다.

뉴턴이 바통을 이어받았지.

고맙수.

알하이삼은 자신을 가둔 칼리프가 죽은 뒤에도
여러 분야에 대한 연구를 멈추지 않았습니다.
천문학 분야에서 프톨레마이오스의
오류들을 지적했습니다.

사람들이 나더러 제2의
프톨레마이오스라고도 하더라고.

칭찬인지? 욕인지?

어쨌든 박식했단 소리지.

그는 중력에 의한 물체의 가속도를 연구하기도 했죠.
특히 외부의 힘이 가해지지 않는 한 정지해 있거나 움직이는 물체는
그 상태를 지속하려는 경향이 있다고 한 주장은 훗날
뉴턴이 수식으로 정리한 것과 같은 운동 법칙에 대한 직관이었습니다.

일흔네 살에 눈 감을 때까지 광학, 수학, 천문학, 의학 등에 걸쳐
200편이 넘는 원고를 쓴 알하이삼의 업적은
근대 서양의 실험 과학에 커다란 영향을 끼쳤습니다.
이라크의 10,000디나르 화폐에는 그의 얼굴이 새겨져 있습니다.

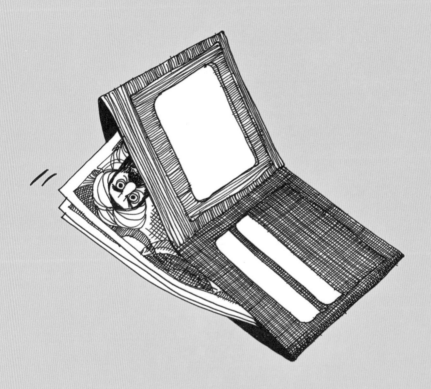

14
세 가지 운동 법칙
아이작 뉴턴 1

아이작 뉴턴 Isaac Newton (1642~1727)

영국의 물리학자이자 수학자이며 천문학자이다. 고전역학의 이론을 확립했다.
중력의 개념을 정립하고 미적분의 계산법을 발견했으며, 빛의 성질을 탐구했다.

자유낙하와 관성에 관한 사고실험으로
근대 과학에 중요한 힌트를 제공한
갈릴레오가 세상을 뜨자,
바로 그해에 영국에서 또 한 명의
위대한 인물이 태어났습니다.
그가 바로 아이작 뉴턴입니다.
뉴턴은 운동의 세 가지 법칙을 밝혔습니다.

역학은 물체의 힘과 운동에
관한 법칙을 탐구하는
물리학의 한 분야입니다.

17세기부터 오늘날까지
과학 세계에서
운동 법칙의
이정표가 된 고전역학은
아이작 뉴턴에 의해
확립되었습니다.

고전역학을 이해하기 위해
뉴턴이 사용한 방정식의 유도 과정을
모두 알아야 할 필요는 없습니다.
하지만 몇 가지 개념은 이해하는
과정이 꽤 흥미롭습니다.

먼저 문제를 내볼게요!
정지해 있는 물체와 일정한 속도로 운동하는 물체 사이에 공통점이 있다면 뭘까요?

정답은 둘 다 가속도가 '0'이라는 겁니다.
즉, 물리적으로 느끼기에 차이가 없는 상태라는 거죠.

속도는 우리가 일상에서 말하는
속력과는 좀 다른 개념입니다.

먼저 속력(speed)을 말할 때
시속 몇 km라고 하는 건 단위 시간당
얼마의 거리를 갔는지를 의미하지.

$$\frac{\mathbf{d}의\ 변화}{\mathbf{t}}$$

$\mathbf{d}$: 거리 $\mathbf{t}$: 시간

물리학에서 속도(velocity)는
물체의 운동 방향도 포함합니다.

속도는 속력에 방향을 더한 벡터 값이야.

움직이는 물체의 위치 변화 정도를
나타내는 물리량이라고.

그러니까 내가 한 시간 동안 이리저리
떠돌다가 다시 제자리로 돌아오면
시간당 평균 속도는 0이라고.

뭐라고?

뭐라고?

뭐라고?

그래서 속도는 음의 값으로 표현할 수도 있습니다.
마이너스로 표시되는 속도를 내기 위해서는
어떻게 하면 될까요?

시속 −5km로 달려봐.

더 격렬하게 천천히 달리려고 애쓸까?

그냥 반대 방향으로 달려.

또 움직이는 물체는 운동 중에
속도가 변하기도 합니다.
가속도는 속도의 변화율을
나타냅니다.

더 빨리 달려!

그럼, 힘이 필요해.

무슨 힘?

사랑의 힘?

속도가 변하는 것은
가속도가 생긴 겁니다.

부앙!!!

속력 값이 줄어드는 감속도
가속도가 생긴 거죠.

끼익!!!

가속도를 속도계로 설명해볼게요. 일직선상에 눈금이 표시된 속도계가 있다고 칩시다. 이때 속도계 바늘의 속도가 바로 가속도인 셈이죠.

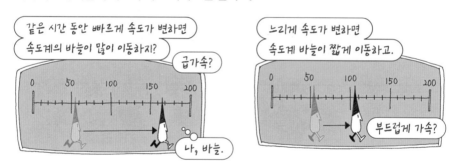

그래서 일정한 속도를 유지하면 바늘은? 정지한 상태, 즉 속도계의 속도가 0인 겁니다.

자동차의 가속페달을 밟아 속도가 증가하고
브레이크를 밟아 속도를 줄이는 것처럼
가속도는 외부의 힘에 의해 생깁니다.

동일한 질량일 경우 더 큰 힘을 가할수록
가속도는 그 힘에 비례해서 커집니다.

그리고 물체의 질량이 클수록 가속도에 대한 저항이 큽니다.
따라서 힘이 같을 경우 질량과 가속도의 관계는 반비례합니다.

이 내용을 방정식으로 나타낸 것이 바로 뉴턴의 운동 제2법칙입니다.

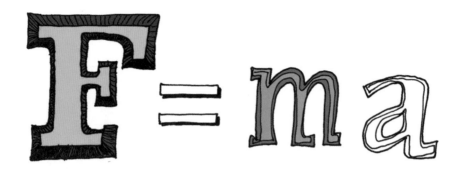

비례상수를 1로 보았을 때,
그리고 여기서 힘은 물체에 가해지는 힘의 총합인 알짜 힘.

그럼, 물체에 가해지는 힘이 0인 상태는 어떤 경우일까요?

가속도가 0인 상태?

속도 변화가 없는 상태?

일정한 속도로 운동하고 있는 상태?

정지 상태!

그렇지.

옳거니!

그리고?

빙고!!

이제 등속 구간을 달리는 KTX와
정지해 있는 KTX의 공통점을 알겠지?

그런데 모든 물체의 운동에는 가속도가
0인 상태를 유지하려는 성질이 있습니다.
이 성질을 일컬어 관성이라고 하죠.

그냥 이대로 가만히 있고 싶다.

더욱 격렬하게….

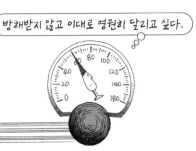

방해받지 않고 이대로 영원히 달리고 싶다.

운동 제1법칙인 관성의 법칙은 뉴턴이 정리하기 전에
갈릴레오가 사고실험을 통해 입증한 것이었습니다.

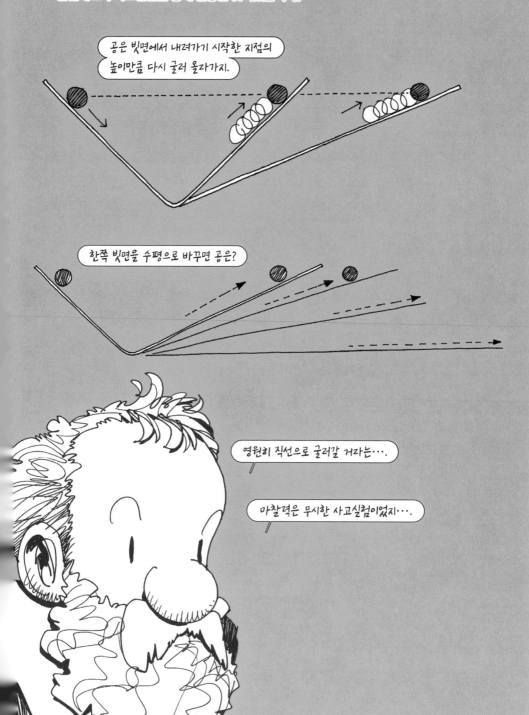

이번에는 가속도가 일정한 운동 상태를 알아볼까요?

가속도가 일정하게 유지되는 등가속도운동의 예가 낙하운동입니다.

낙하운동을 하는 물체에 가해지는 힘은 중력입니다.
갈릴레오는 공기저항을 무시한다면
모든 물체가 낙하할 때
동일한 가속도를 가진다는
사실을 알았습니다.

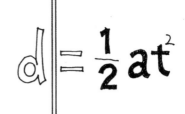

$$d = \frac{1}{2}at^2$$

갈릴레오는 알았대.

이때 가속도는
중력가속도인 9.8m/sec²라는 것이
이후에 밝혀졌습니다.
낙하운동에서 뉴턴의 운동 제2법칙은
$F=mg$로 쓸 수 있습니다.
g는 중력가속도입니다.

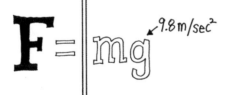

$$F = mg$$

9.8m/sec²

m은 내 질량.

머리 위 수직 방향으로 던져 올려진 물체가
꼭대기 지점에서 순간 정지했을 때
공에 붙는 가속도는 얼마일까요?

0?

아니야. 속도는 일시 정지하더라도
작용하는 중력가속도의 크기는 일정해.

뭔 소리?

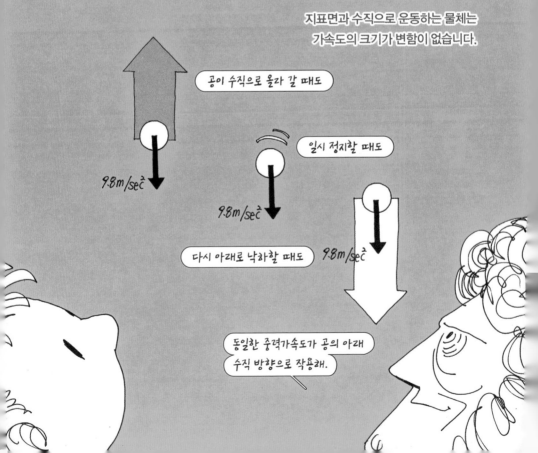

지표면과 수직으로 운동하는 물체는
가속도의 크기가 변함이 없습니다.

공이 수직으로 올라 갈 때도

9.8m/sec²

일시 정지할 때도

9.8m/sec²

다시 아래로 낙하할 때도

9.8m/sec²

동일한 중력가속도가 공의 아래
수직 방향으로 작용해.

물체가 바닥에 떨어졌을 때도 중력은 작용합니다.
그래서 무게의 단위로 지구가 물체에 작용하는 힘을 나타내는 N(뉴턴)을 사용합니다.

지구가 물체에 작용하는 힘 W=mg.
질량에 중력가속도 9.8m/sec²을 곱한 값.

$$W = mg$$

그래서 질량이 50kg인
사람의 무게는 490N.

mg

490N

뉴턴의 운동 제3법칙은
작용 반작용의 법칙입니다.

모든 작용하는 힘에는 크기가 같으면서
방향이 반대인 반작용의 힘이 존재한다는.

내가 벽을 밀면 벽도 같은 크기의 힘으로 날 밀어.

예를 들어, 로켓이 발사되어
날아가게끔 하는 힘도
작용에 대응한 반작용의
힘에 의해서입니다.

로켓을 발사하려면 로켓의 무게보다
큰 힘이 로켓을 밀어 올려야 하지.

반작용으로 그 정도의 힘이 생기게끔
작용하는 힘을 만들면 되겠군.

로켓은 연료를 태우면서
배기가스를 내뿜습니다.
태우는 연료의 양과
방출되는 가스의 속도가
커질수록 반작용으로 발생하는
힘도 커집니다.

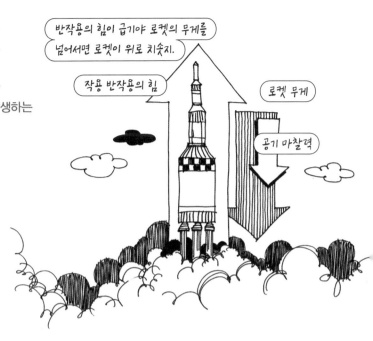

반작용의 힘이 급기야 로켓의 무게를
넘어서면 로켓이 위로 치솟지.

작용 반작용의 힘

로켓 무게

공기 마찰력

우주에서는 더 이상 힘이 없어도
관성으로 영원히 직진하겠지?

그리고 로켓은
공기 마찰력을 이겨내면서
하늘 위로, 하늘 위로.
더 멀리 우주를 향해….

과연 그럴까?

우주로 날아간 물체는 어떤 힘에 의해 어떤 운동을 할까요?
달은 어떨까요? 지구와 행성들은?
아주 오래전 아리스토텔레스는 지상계의 운동과
천상의 운동은 다르다고 했습니다.

지상에서는 만물이 직선으로 뚝 떨어지고
천상에서는 별들이 빙빙 도는 거야.

빙빙 도는 힘이나 뚝 떨어지는
힘이나 매한가지야.

하지만 뉴턴은 자신이 정립한
운동 법칙을 무한한 우주로 확장시켰습니다.

15

우주의 힘
아이작 뉴턴 2

17세기 후반까지 어느 누구도
천체 운동을 가능케 하는 원인에 관해
확답을 내놓지 못했습니다.
그때 뉴턴이 지구상에서 물체가 낙하할 때와
우주의 행성이 공전하는 운동에 작용하는 힘은
동일하며 그 힘의 정체는 중력이라고 규정했습니다.

1665년 스물세 살의 청년 뉴턴은
생각했습니다.

세상의 모든 물체는,
심지어 하늘 위의 달도
계속 낙하하고 있는 거라고.

그는 고전역학의 백미인 만유인력을
그 시절에 발견했다고 회상했지만,
실제로 세상에 발표한 것은
마흔다섯 살이었던
1687년에 이르러서였습니다.

왜 뜸들인 거요?

무슨 일로 바쁘셨나?

바쁘다 보면 그럴 수도 있지.

부끄럼 타느라 바빴지.

이게 다 어쩌면 나중에 올 누군를 위한
레드카펫을 깔고 있는 거라는 느낌적
느낌이 들지 않니?

그게 누군데?

어쩌면 9.8m/sec² 에 kg을 곱한
값의 이름일 것 같은 느낌이랄까?

뉴턴이 활동했던 시대에는
실험 과학의 귀재였던 훅을 비롯해
여러 이름난 자연과학자가 왕립학회를
중심으로 활동하고 있었습니다.

뉴턴은 숫기도 없고
나대는 성격도 아니었지만
그렇다고 야심이 없진 않았습니다.

겸손함 뒤에서 제 잘난 맛에
살지 않으면 과학자가 아니지.

겸손한 건지?
잘난 척인지?

그는 성능 좋은 반사망원경을 만들어
국왕 찰스 2세에게 선물했고
그 덕에 왕립학회 회원으로
추천받기도 했습니다.

1672년에는 왕립학회에 제출한 논문 〈빛과 색채에 관한 새 이론〉으로 과학자의
자질을 인정받았고, 당대 과학계의 실력자 훅과 반목하기도 했습니다.

1684년 영국의 천문학자 핼리가
뉴턴을 찾아왔습니다.
최근에 훅이 자신과 동료 과학자
크리스토퍼 렌에게 장담한 가설에 관해
그의 의견을 구하기 위해서였습니다.

훅의 가설은 케플러의 법칙을 따르는
행성 궤도운동에 작용하는
힘에 관한 내용이었습니다.
그런데 핼리를 더 놀라게 한 것은
뉴턴의 반응이었습니다.

핼리는 그 내용을 수학적으로 증명할 수 있느냐고 물었고
뉴턴은 곧바로 수식으로 정리해서 보여줬습니다.

그리고 핼리의 적극적인 권유로
1687년 뉴턴은
모든 운동 법칙에 관한
내용을 담은 책을 냈습니다.

과학사에서 가장 위대한 교범이자
고전역학에 관한 한 경전의 반열에 오른
그 책이 바로 《자연철학의 수학적 원리》,
일명 '프린키피아'입니다.

이제 《프린키피아》의 명실상부한 주인공인
중력에 관해 알아볼까요?

달은 중력에 의해 낙하하고 있다.

속도의 변화가 없는 운동.

시속 60km로 꼼짝하지 말자.

앞서 보았듯이 관성의 법칙을 따르는
모든 물체는 가속도가 0인 등속도 운동을 합니다.

천체는 지상의 물체와 달리
원운동을 한다는 아리스토텔레스의
오랜 지식 체계에 반해
뉴턴은 우주의 운동도 원래는
직선 등속운동이라고 했습니다.

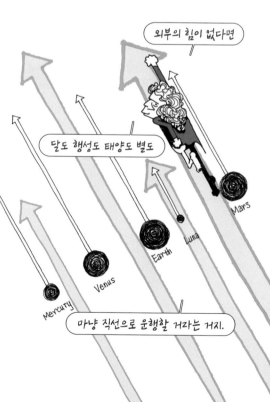

외부의 힘이 없다면

달도 행성도 태양도 별도

마냥 직선으로 운행할 거라는 거지.

그런데 공전하는 달과 행성들은 타원을 그리며 돕니다.
그건 속도가 변한다는 말이지요.

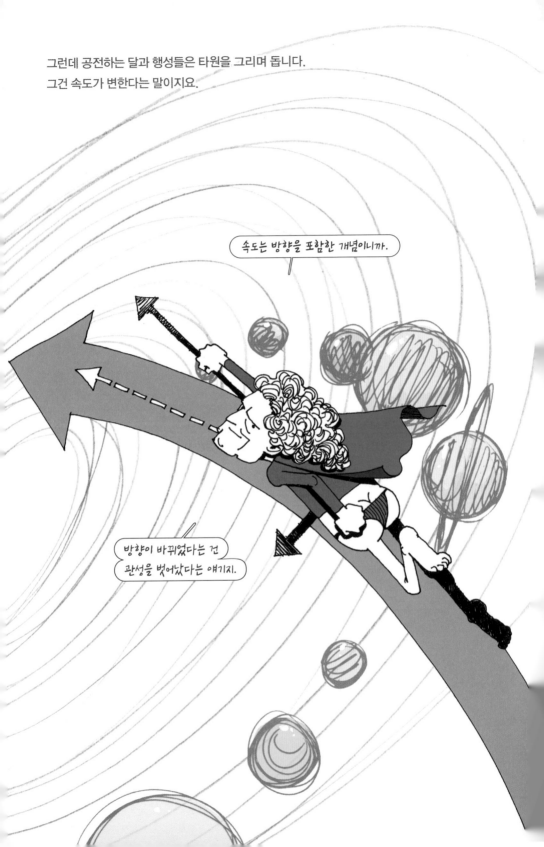

관성 상태를 벗어나 가속도가 생기는 경우에 해당한다는 것입니다.
천체 운동은 이 가운데 어느 경우일까요?

직진으로 달리던 차가 커브를 돌 때
차에 탄 사람은 몸이 한쪽으로
쏠리는 것을 느끼게 됩니다.

이때 가속도를 내는 힘은 물체의 운동 방향에 수직으로 작용하며
회전 중심을 향하는 힘인 구심력입니다.
우리는 그 구심력의 정반대 방향으로
관성력을 느끼게 됩니다.

마찬가지로 달이나 행성들이
가속에 해당하는 회전운동을 하는 건
어떤 힘이 작용하고 있다는 말입니다.

실로 묶은 공을 돌릴 때
공이 날아가버리지 않도록
붙잡고 있는 것은 실의 장력이
구심력으로 작용해서
공을 계속 당기기 때문입니다.

달이 우주를 향해 곧장 날아가버리지 않고 계속 돌고 있는 것도
실의 장력처럼 지구 중심으로 달을 당기는 힘이 있기 때문입니다.

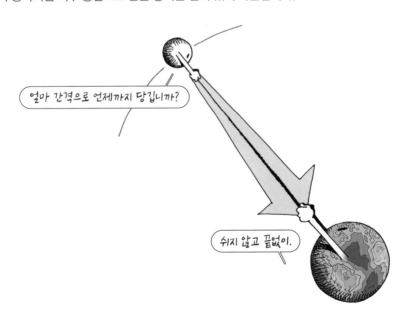

그런데 달과 행성의 운동에는 실의 장력처럼 접촉한 힘이 없습니다.
바로 그 때문에 과학자들은 신비의 힘에 관해 섣불리 말하지 못했습니다.

하지만 뉴턴은 그런 걸로 고민하지 않았습니다.
이론물리학자들처럼 수학으로 증명되면 그건 곧 현실이라고 여겼습니다.

뉴턴은 중력에 의한 궤도운동을 설명하기 위해 《프린키피아》에서
포탄을 발사하는 사고실험을 보여줬습니다.

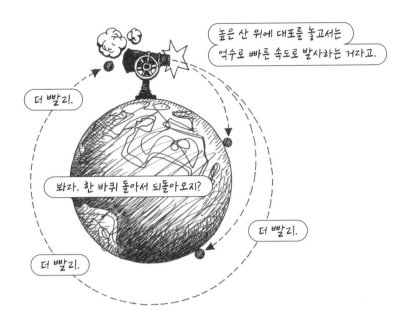

마찬가지로 우주를 향해
정확한 속도로 발사한 인공위성
또한 멀리 날아가버리지 않고
궤도운동을 하게 되는 것입니다.

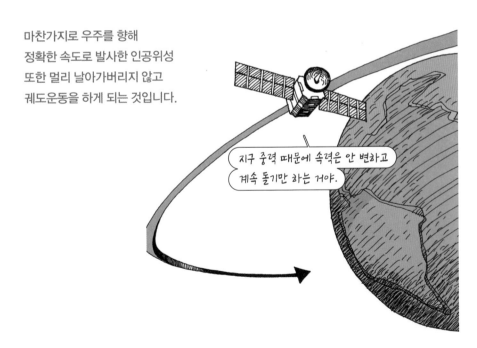

뉴턴은 중력의 힘을 우주 전체로
확장시켜 만물에 적용되는
보편적인 힘으로 놓았습니다.

《프린키피아》의 출간으로 뉴턴은
유럽 과학계에서 가장 유명하고
권위 있는 인물이 되었습니다.

뉴턴은 1665년 만유인력을 떠올렸다고 알려져 있습니다.
그리고 1666년에 이르러 빛과 중력을 포함한 모든 역학에 관한 이론을 세웠고
미적분학의 개념까지 확립했다고 합니다.
사람들은 그해를 뉴턴의 '기적의 해'라고 부릅니다.

Annus Mirabilis : '멋진 한 해' 또는 '기적의 해'라는 뜻의 라틴어.

아들 녀석이 여덟 살 되던 해, 우주에는 태양계 말고도 수없이 많은 별들의 세계가 있다는 걸 어디에서 듣고는 자기만의 행성계를 만들고 이름을 붙였다.

흥얼대며 작은 수첩에 끄적여 창조된 또 하나의 우주.

세상 모든 아이들의 상상력을 합한 것과 우주의 크기 중 어느 것이 더 클까?

이 해답은 과학자도 모를 거다.

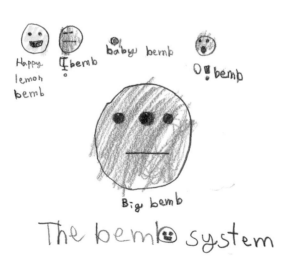

행성계 상상
2016. 1. 7. 여덟 살 율

1권
2권
3권

B.C.460?~370?
데모크리토스
고대 원자론을 완성

B.C.384~322
아리스토텔레스
모든 학문 분야를
집대성

965?~1040?
이븐 알하이삼
사람의 눈이 빛을 받아
들이는 시각현상 규명

1473~1543
**니콜라우스
코페르니쿠스**
1543년 근대 천문학의 기
원이 된 《천체의 회전에
관하여》 출간

85?~165?
프톨레마이오스

1514~1564
안드레아스 베살리우스

1564~1642
갈릴레오 갈릴레이
1610년 전통적 우주관을 정면으로
반박하는 《시데레우스 눈치우스(별의
전령)》 출간

1571~1630
요하네스 케플러
1609년 《새로운 천문학》
에서 케플러 제1법칙, 제
2법칙 발표

1596~1650
르네 데카르트
17세기 빛이 에테르라는 매질로
전달되는 파동이라고 생각

1578~1657
윌리엄 하비

1602~1686
오토 폰 게리케

1608~1647
에반젤리스타 토리첼리

1622~1703
빈첸초 비비아니

1625~1712
조반니 도메니코 카시니

1544~1603
윌리엄 길버트

1600년 《자석에 관하여》 출간

1546~1601
튀코 브라헤

1573년 《새로운 별》에서 하늘은 불변한다는 아리스토텔레스 우주론에 대한 반기를 들음

1600년 튀코 브라헤와 요하네스 케플러의 만남

1561~1626
프랜시스 베이컨

1620년 기존의 논리학에 대항하는 귀납법을 주장

1632~1723
안톤 판 레이우엔훅

1674년 최초로 원생생물 관찰

1635~1703
로버트 훅

1665년 직접 제작한 현미경으로 코르크 세포 관찰

1642~1727
아이작 뉴턴

1687년 《프린키피아》에서 근대 역학과 근대 천문학을 확립

1627~1691
로버트 보일

1627~1705
존 레이

1629~1695
크리스티안 하위헌스

1656~1742
에드먼드 핼리

이 책에 언급된 문헌들

40쪽   카를 마르크스Karl Marx, 〈데모크리토스와 에피쿠로스 자연철학의 차이The Difference Between the Democritean and Epicurean Philosophy of Nature〉, 1902.

47쪽   이마누엘 칸트Immanuel Kant, 《순수이성비판Critique of Pure Reason》, 1781.

59쪽   니콜라우스 코페르니쿠스, 《첫 번째 보고First Account of the Books on the Revolutions》, 1540.

61쪽   니콜라우스 코페르니쿠스, 《천체의 회전에 관하여On the Revolutions of Heavenly Spheres》, 1543.

75쪽   튀코 브라헤, 《새로운 별On the New Star》, 1573.

79쪽   튀코 브라헤, 〈새로운 천문학 입문Introduction to the New Astronomy〉, 1587~1588.

92쪽   요하네스 케플러, 《우주 구조의 신비Cosmographic Mystery》, 1596.

112쪽 윌리엄 길버트, 《자석에 관하여On the Loadstone and Magnetic Bodies, and on the Great Magnet the Earth; a new Physiology, Demonstrated With Many Arguments and Experiments》, 1600.

114쪽 요하네스 케플러, 《새로운 천문학New Astronomy》, 1609.

115쪽 요하네스 케플러, 《세계의 조화Harmonies of the World》, 1619.

116쪽 요하네스 케플러, 《코페르니쿠스 천문학 개요Epitome of Copernican Astronomy》, 1617~1621.
          요하네스 케플러, 《루돌프 목록Rudolphine Tables》, 1627.

120쪽 갈릴레오 갈릴레이, 《두 우주 체계에 관한 대화Dialogue Concerning the Two Chief World Systems》, 1632.

127쪽 갈릴레오 갈릴레이, 《시데레우스 눈치우스(별의 전령) *Sidereus Nuncius(The Sidereal Messenger)*》, 1610.

145쪽 갈릴레오 갈릴레이, 《새로운 두 과학 *Discourses and Mathematical Demonstrations Relating to Two New Sciences*》, 1638.

153쪽 프랜시스 베이컨, 《신 오르가논 *The New Organon*》, 1620.

158쪽 프랜시스 베이컨, 《새로운 아틀란티스 *New Atlantis*》, 1627.

184쪽 로버트 훅, 《마이크로그라피아 *Micrographia*》, 1665.

217쪽 이븐 알하이삼, 《광학의 서 *Book of Optics*》, 1011~1021.

243쪽 아이작 뉴턴, 〈빛과 색채에 관한 새 이론 A New Theory of Light and Colours〉, 1672.

246쪽 아이작 뉴턴, 《자연철학의 수학적 원리(프린키피아) *The Principia: Mathematical Principles of Natural Philosophy*》, 1687.

참고 문헌

• 구인선, 《유기화학》, 녹문당, 2004.

• 김희준 외, 《과학으로 수학보기, 수학으로 과학보기》, 궁리, 2005.

• 낸시 포브스 외, 박찬 외 옮김, 《패러데이와 맥스웰》, 반니, 2015.

• 니콜라 찰턴 외, 강영옥 옮김, 《과학자 갤러리》, 윌컴퍼니, 2017.

• 데이비드 린들리, 이덕환 옮김, 《볼츠만의 원자》, 승산, 2003.

• 드니즈 키어넌, 김용현 옮김, 《Science 101 화학》, 이치사이언스, 2010.

• 래리 고닉, 전영택 옮김, 《세상에서 가장 재미있는 미적분》, 궁리, 2012.

• 랜들 먼로, 이지연 옮김, 《위험한 과학책》, 시공사, 2015.

• 루이스 엡스타인, 백윤선 옮김, 《재미있는 물리여행》, 김영사, 1988.

• 리언 레더만, 박병철 옮김, 《신의 입자》, 휴머니스트, 2017.

• 마르흐레이트 데 헤이르, 김성훈 옮김, 《과학이 된 무모한 도전들》, 원더박스, 2014.

• 마이클 패러데이, 박택규 옮김, 《양초 한 자루에 담긴 화학이야기》, 서해문집, 1998.

• 마크 휠리스 글, 래리 고닉 그림, 윤소영 옮김, 《세상에서 가장 재미있는 유전학》, 궁리, 2007.

• 박성래 외, 《과학사》, 전파과학사, 2000.

• 배리 가우어. 박영태 옮김, 《과학의 방법》, 이학사, 2013.

• 배리 파커, 손영운 옮김, 《Science 101 물리학》, 이치사이언스, 2010.

• 벤 보버, 이한음 옮김, 《빛 이야기》, 웅진지식하우스, 2004.

• 브렌다 매독스, 진우기 외 옮김, 《로잘린드 프랭클린과 DNA》, 양문, 2004.

• 사키가와 노리유키, 현종오 외 옮김, 《유기 화합물 이야기》, 아카데미서적, 1998.

• 송성수, 《한권으로 보는 인물과학사》, 북스힐, 2015.

- 아이뉴턴 편집부 엮음,《완전 도해 주기율표》, 아이뉴턴, 2017.
- 아트 후프만 글, 래리 고닉 그림, 전영택 옮김,《세상에서 가장 재미있는 물리학》, 궁리, 2007.
- 알프레드 노스 화이트헤드, 오영환 옮김,《과학과 근대세계》, 서광사, 2008.
- 애덤 하트데이비스, 강윤재 옮김.《사이언스》, 북하우스, 2010.
- 애덤 하트데이비스 외, 박유진 외 옮김,《과학의 책》, 지식갤러리, 2014.
- 이정임,《인류사를 바꾼 100대 과학사건》, 학민사, 2011.
- 정재승,《정재승의 과학 콘서트》, 어크로스, 2003.
- 제임스 D. 왓슨, 하두봉 옮김,《이중나선》, 전파과학사, 2000.
- 조지 오초아, 백승용 옮김,《Science 101 생물학》, 이치사이언스, 2010.
- 존 M. 헨쇼, 이재경 옮김,《세상의 모든 공식》, 반니, 2015.
- 존 그리빈, 김동광 옮김,《거의 모든 사람들을 위한 과학》, 한길사, 2004.
- 존 헨리, 노태복 옮김,《서양과학사상사》, 책과함께, 2013.
- 칼 세이건, 홍승수 옮김,《코스모스》, 사이언스북스, 2006.
- 커트 스테이저, 김학영 옮김,《원자, 인간을 완성하다》, 반니, 2014.
- 크레이그 크리들 글, 래리 고닉 그림, 김희준 외 옮김,《세상에서 가장 재미있는 화학》, 궁리, 2008.
- Transnational College of Lex, 김종오 외 옮김,《양자역학의 모험》, 과학과문화, 2001.
- 프랭크 H. 헤프너, 윤소영 옮김,《판스워스 교수의 생물학 강의》, 도솔, 2004.
- 피트 무어, 이명진 옮김,《관습과 통념을 뒤흔든 50인의 과학 멘토》, 책숲, 2014.
- 홍성욱,《그림으로 보는 과학의 숨은 역사》, 책세상, 2012.

찾아보기

과학자들 1

1판 1쇄 발행일 2018년 9월 27일
1판 5쇄 발행일 2022년 4월 11일

지은이 김재훈

발행인 김학원
발행처 (주)휴머니스트출판그룹
출판등록 제313-2007-000007호(2007년 1월 5일)
주소 (03991) 서울시 마포구 동교로23길 76(연남동)
전화 02-335-4422 **팩스** 02-334-3427
저자·독자 서비스 humanist@humanistbooks.com
홈페이지 www.humanistbooks.com
유튜브 youtube.com/user/humanistma **포스트** post.naver.com/hmcv
페이스북 facebook.com/hmcv2001 **인스타그램** @humanist_insta
편집주간 황서현 **편집** 임재희 임은선 이영란 강지영 **디자인** 김태형
용지 화인페이퍼 **인쇄** 삼조인쇄 **제본** 경일제책

ISBN 979-11-6080-159-0 04400
ISBN 979-11-6080-158-3 (세트)